池田愛實 職人免揉湯種麵包

出身藍帶學院麵包師，教你摺疊麵糰，就能得到40⁺鬆軟有嚼勁的麵包。

No Knead
Bakery Bread

池田愛實

前　言

從我開始做免揉麵包算起，已經超過十年了。
期間也經歷過被工作、育兒追著跑的時期，
還能夠持續製作麵包，這都要感謝這種「免揉技法」。

一般的麵包在混合麵粉和水之後，要費力手揉15分鐘以上，
來產生麵包的骨幹─「麩質」。
麵包店裡備有性能良好的揉麵攪拌機，但在家裡揉麵會是負擔不小的勞動。
我累積了很多只混合材料、不揉麵糰的方式來做麵包的失敗經驗，
才發現在發酵過程加上一道摺疊麵糰的「拉摺」步驟，
免揉麵糰也可以烘焙出蓬蓬鬆鬆、造型精美的麵包。

因為麵包是主食，能夠每天持續做下去是非常重要的。
這成了我做麵包的日常主軸。

上一本書問世後，很多讀者按照食譜動手做了，
捎來令人開心的訊息：「沒想到剛入門的人，用免揉方式也可以烤出漂亮的麵
包！」。
之後，我思考著能否做出日本人喜愛的富有嚼勁的麵包，
這個新成果就是本書介紹的「高水份＆湯種」免揉麵包。

加入多量水份的麵糰容易混合，更適合製作免揉麵包，
質地口感更加濕潤，但黏糊糊的不容易造形，這一點很惱人。
我再搭配使用湯種技法，將部分麵粉用熱水搓揉，
所以就算加了大量的水，也能夠讓麵糰順利成形。

以甜麵包打個比方。一般都是加入麵粉量60％左右的水，
本書中的麵包都加了70～80％的水。
以湯種做出的麵糰，麩質都被破壞掉了，所以抑制了麵包的膨脹程度，
產生了有嚼勁的口感。更是這種高含水量＆湯種麵包的特色。
因為保有大量水份，因此可以延緩麵包的老化變質的速度，
日本麵包店售出的麵包，通常會在隔天早上才會被享用，
因此這種製法也倍受麵包店寵愛。

如果您想提升家中手做麵包的等級，
請一定要嘗試做做看「高水份＆湯種」免揉麵包。

池田愛實

本書製作麵包的特色

1 不用費力手揉

2 含水量高有嚼勁

本書介紹的麵包都不需要揉麵糰就可以製作。只要將麵粉和水混合均勻後，靜置20分鐘以上，就能產生水合作用（麵粉的蛋白質與水結合），當麵筋形成時，我會在中途加摺疊麵糰（稱為「拉摺」）拉展強化麵糰筋度，此為「水合摺疊法」。這樣就能讓麵糰發酵得更澎鬆，做出外表光滑又好吃的麵包。

書中麵包的含水量較高，大約80%，烘焙出來的麵包每個都很潤澤又富含嚼勁。含水量高的麵糰比較溼黏，不容易整型，所以使用湯種（以熱水迅速混合麵粉後散熱的方式）來修補這個缺點。一般來說，湯種要放置一個晚上再使用，本書使用的是簡易版。湯種的麵糰不容易延展，在整形時不要太用力，以免撕裂麵糰。

3 低溫冷藏 緩慢發酵

4 想烤麵包時 可隨時安排

加入少量酵母粉的麵糰，放在冷藏庫的蔬果室中進行第一次發酵。靜置一個晚上，讓麵糰在低溫下長時間發酵，較能引出真正的麵粉香氣。蔬果室的溫度是3～8℃，比冷藏庫溫度（2～5℃）稍高一點，是讓添加少量酵母的麵糰慢慢發酵的最佳環境。這種麵糰可以烤出風味十足、天天吃也吃不膩的麵包。

在蔬果室中緩緩發酵的麵糰，發酵速度不會突然加快，大約可以冰個兩天左右。如果隔天忙不過來，再過一天才送進烤箱也OK。可以根據自己的狀況調整烘焙時程，不必趕在一天之內完成全部作業。把「製作麵糰～第一次發酵前」、「第一次發酵後～烘烤」分成兩天來完成，可以更容易安排自己的烘焙時間表。

contents 目次

PART 3

免烤模嚼勁硬式麵包

PART 4

用搪瓷烤盤製作手撕麵包

【本書用法】

• 1大匙＝15ml，1小匙＝5ml。

• 水溫請參考第14頁，請事先調整好溫度。

• 烤箱使用電烤箱。請先以指定的溫度預熱。烘烤時間會隨烤箱的功率或機種而有若干差異。請以食譜的時間為基準，視情況做調整。

• 使用瓦斯烤箱時，請將食譜的溫度降低約20℃。

• 微波爐的加熱時間以600W的機種為基準。使用500W微波爐時，所需時間約為「食譜時間×1.2」。機種不同，也可能會有若干差異。

讓我們來製做
基本款的
免揉麵包吧！

Hot dog bun

熱狗麵包

不用揉麵糰，混合好材料後，在冷藏庫靜置一晚即可。

這裡就要介紹這種不費力就可以做出的高含水量又有嚼勁的麵包。

重點在於「湯種」，這是混合了麵粉與熱水的作法，由此誘出麵粉的甜味。

麵糰富有黏性，可以烘烤出Q彈又口感濕潤的麵包。

口味單純，搭配任何食材都適合，現在就夾條德國香腸或奶油紅豆做成三明治吧！

熱狗麵包

材料（5個長度15cm麵包份量）

A 高筋麵粉…120g
　　砂糖…10g
　　鹽巴…3g

湯種 高筋麵粉…30g
　　 熱水…60g

B 酵母粉…½小匙（1.5g）
　　水…60g*
　　米油…5g

增添色澤用牛奶…適量

＊春、夏、秋季放進冰箱冷藏，冬天可與自
　來水的溫度相同（20℃）。詳見第14頁。

事前準備

・依序將湯種材料加入玻璃調理
　盆中，用刮板迅速攪拌30秒，
　靜置10分鐘以上散熱。

＊如果直接將沸騰的水直接倒入調理盆
　中，溫度就不容易下降。

1 製作麵糰

依序將 **B** 量好分量倒進調理盆
中，用打泡器攪拌均勻。

將 **A** 量好分量倒進盆中。（不
按照順序也OK）

＊方便的作法是將調理盆放在電子秤
　上，依照材料順序一一量好分量再加
　入盆中，計量起來會比較順利。

用橡膠刮刀從盆底將麵糰翻起
混合，

攪拌2分鐘。

麵糰攪拌至沒有粉狀結塊，整
體混合均勻即可。

靜置（30分鐘）

覆蓋保鮮膜，在室溫下靜置30
分鐘。

拉摺

用沾濕的手，從盆緣將麵糰拉起來，

往中心摺疊，沿著盆緣重複此動作1圈半（拉摺）。

麵糰往中心集中後（如圖所示），將麵糰翻面，收口朝下。

2 第一次發酵

靜置（30分鐘）

覆蓋保鮮膜，在室溫下靜置30分鐘。

用膠帶等在麵糰邊緣做記號，放進冰箱蔬果室中，發酵一晚（6小時）～最長2天。

麵糰高度膨脹到兩倍以上即可。

＊若麵糰沒膨脹到兩倍高度時，請靜置在室溫下，直到高度變兩倍以上。

3 分切＆滾圓

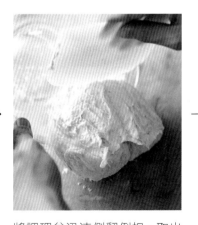

麵糰表面灑上手粉（高筋麵粉，分量外），用刮板沿著調理盆內繞刮一圈，將麵糰剝離調理盆，

＊用刮板比較不會傷到麵糰。

將調理盆迅速側翻倒扣，取出麵糰。

＊灑有手粉的那一面朝下。

用刮板分切成5份。

＊一份麵糰約55g

用手將麵糰壓平，輕壓出裡面的空氣，再將麵糰邊往內摺成圓形，

翻面，用手整形成表面鼓脹的圓球，

底部用手輕輕捏緊。

4 靜置時間

麵糰放在工作檯上，蓋上乾布，在室溫下靜置10分鐘。

5 成形

麵糰表面撒上手粉後翻面，用手壓成長9cm的橢圓形，從上方1/3處往下摺，

用手壓扁，

從下方1/3處往上摺，再用手壓扁。

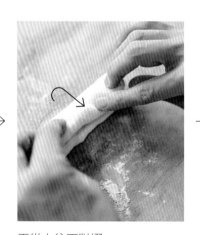

再從上往下對摺，

牢牢捏緊收口後，用手滾成長13cm的等粗棒狀。

6 第二次發酵

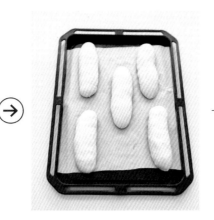

切好的棒狀麵糰收口朝下,平均分散擺在鋪好烘焙紙的烤盤上,利用烤箱的發酵功能,以35℃發酵60分鐘。

＊或蓋上乾布,在室溫下發酵到長大一圈。

麵糰長大一圈就可以了。烤箱預熱至190℃。

7 烘烤

用刷子在表面刷上一層牛奶,在預熱至190℃的烤箱中烘烤約12分鐘,烤到出現黃褐色的烤色。

＊也可以等麵包散熱之後,橫向對切,塗上花生醬(微糖・含顆粒)一起享用。

ARRANGE 變化款

水果三明治

濕潤鬆軟、沒有負擔的麵糰,很適合搭配甜度適中的鮮奶油。
鮮奶油打到不會低垂的硬度,再加上當季水果。
夾卡士達奶油(第27頁)、可可奶油(第29頁)一起享用也很美味。

材料 (5個15cm長麵包)

熱狗麵包…5個
鮮奶油(乳脂肪成分40%以上)…150g
砂糖…½小匙
喜歡的水果(奇異果、藍莓、草莓、蜜柑等)…適量

做法

1 將鮮奶油、砂糖放進調理盆,用打泡器打到尖端堅挺為止。

2 在散熱的熱狗麵包中間劃一刀,塞進打發鮮奶油,再放上切成適口大小的水果即可享用。

免揉湯種麵包
Q & A

Q 麵糰沒有順利發酵時，該怎麼辦？

麵包麵糰的發酵受到溫度的影響。混合好的麵糰的理想溫度介在23～26℃。湯種若在溫度稍高的狀態下，麵糰溫度就容易升高，因此要注意不要讓麵糰過度發酵（發酵過頭的意思）。請參照下表來調節水溫，讓室溫＋水溫＋麵粉溫度（若置於室溫下，則與室溫相同）＝50～55。

- **春·秋**（室溫20℃）
  ⇒牛奶不須加溫，水溫調整到20℃（與自來水的溫度相近）。只使用水或牛奶的食譜，稍涼的15℃是最理想的。

- **夏**（室溫30℃）
  ⇒使用冷藏過10℃以下的水，麵粉也盡量冷藏。

- **冬**（室溫15℃）
  ⇒牛奶不須加溫，水溫加熱到30℃（接近溫水的程度）。只使用水或牛奶的食譜，請加溫到20℃（接近自來水的溫度）。

湯種完全冷卻時，水溫比上表所示的高5℃也沒關係。另外，湯種溫熱時做第一次發酵，麵糰過度膨脹時，建議可以在中途將麵糰從蔬果室中取出，移到溫度較低的冷藏室。

Q 湯種失敗時怎麼辦？

鬆軟的湯種也能發揮一定的效果，所以直接使用也沒問題。湯種是將熱水沖入麵粉中，在30秒內迅速攪拌，讓澱粉糊化的結果（右圖）。重點是把量好分量好的水直接從剛沸騰的熱水壺裡倒在麵粉上，溫度就不易下降，以確保麵粉糊化。

Q 麵糰黏糊糊容易沾手時，該怎麼辦？

請適量使用手粉。把手粉撒在工作檯面或麵糰上，或者沾在手指上，盡量不要過度碰觸麵糰，就不容易沾手。天氣熱時，如果麵糰塌下來，也可以先放進冰箱靜置一下。不過，若手粉使用過量，反而會讓麵糰變得太滑或過硬，請注意用量。

Q 可以一次就做好數倍的麵糰嗎？

可以的。發酵時間相同，但數量增加時，烤箱的火力分配不均，可能會需要較長的烘烤時間。因此盡量將麵糰分散放在烤盤上，或者分開放在兩個烤盤上，並注意烘烤的狀態，視情況增減時間。

Q 想當天就烤來吃，可以嗎？

熱狗麵包、鬆軟麵包、貝果、手撕麵包，可以在常溫進行一次發酵，即在常溫下靜置2～2.5小時，讓麵糰膨脹到兩倍以上，這樣就可以當天烤來吃。硬式麵包的麵糰，在低溫下較易成形，除了冬季之外，很建議放進冰箱蔬果室進行發酵。

Q 如果烤箱沒有發酵功能呢？

可以蓋上乾布，在室溫下做第二次發酵。夏天大約需要1小時，其他季節大約1.5～2小時，只要麵糰脹大一圈即可。如果麵糰變乾了，請用噴霧器輕輕在上面噴點水。

Q 用瓦斯烤箱的烘烤技巧？

本書的食譜都是以「電烤箱」的烘烤為基準。使用瓦斯烤箱時，請將溫度減少20℃，按照食譜的時間烘烤看看。但是，硬式麵包在噴霧、加熱水之後，以180℃烘烤8分鐘後就要關掉電源。之後取出上層烤盤，以230℃並參照食譜的時間，烤到自己喜歡的烤色出現為止。

Q 更換酵母的方式？ 想用其他粉來製作時？

若是使用葡萄乾酵母酵種（麵粉與水以1比1的比例重複培養出來的），請加入麵粉重量的30%，並稍微減少水分來製作。進行第一次發酵時，請將麵糰放置在室溫下，直到膨脹到1.5倍高，再放進冰箱蔬果室。最後膨脹到2.5倍高就完成了。第二次發酵的時間也稍微加長一點。

另外，若要以其他粉取代食譜中的麵粉來製作，全麥粉、米粉、裸麥麵粉的話，可將食譜的20%的量以此取代。湯種可使用該粉製作，或者以該粉來取代添加的粉也可以。

PART 1

免用烤模的
湯種麵包

這裡要介紹富含水量高達80%以上的有嚼勁又鬆軟的各種麵包。

如果你使用「湯種」製作麵包（麵粉與熱水混合），對於甜麵糰而言，

會含有大量的水分，烤出的麵包又香又甜。

即可隔天食用也保持濕潤口感。

就是湯種麵糰不太容易整形，過程中請留意不要過度用力，

以免破壞麵糰組織。

讓我們一起來烘焙大受歡迎的奶油麵包、

牛角麵包和鹹麵包等麵包吧！

Roll

麵包卷

雖然麵糰的含糖量較少，但加入了湯種的天然甜味，

鬆軟又有嚼勁的麵包卷就能夠享受到微甜滋味。

輕輕整形麵糰，確保第二次發酵充分進行，讓麵糰鬆弛，是烤出可愛形狀的秘訣。

實在是太美味了，每天吃也吃不膩。

Roll
麵包卷

材料（5個長10cm麵包）

A 高筋麵粉…120g
　　砂糖…10g
　　鹽巴…3g

湯種 高筋麵粉…30g
　　　熱水…60g

B 酵母粉…½小匙（1.5g）
　　牛奶…35g
　　水…30g＊
　　奶油（無鹽）…10g

增添色澤用牛奶…適量

＊夏天放在冰箱冷藏，冬天加熱到30℃（溫水）。
　詳見第14頁。

事前準備

· 湯種材料依序加進玻璃調理盆中，以橡膠刮刀迅速攪拌30秒，靜置10分鐘以上散熱（詳見第10頁）。

· 奶油以微波爐加熱40秒，融化後靜置散熱。

1 製作麵糰

將**B**量好分量倒進湯種用調理盆中，用打泡器攪拌到無大結塊為止，再將**A**量好分量加進盆中，用橡膠刮刀攪拌2分鐘至混合均勻無乾粉狀。

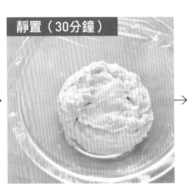

靜置（30分鐘）

覆蓋保鮮膜，在室溫下靜置30分鐘。

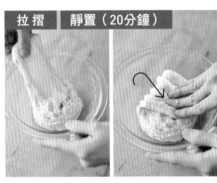

拉摺　**靜置（20分鐘）**

用沾濕的手，從盆緣將麵糰拉起來，往中心摺疊，沿著盆緣重複此動作1圈半（拉摺）。麵糰翻面，覆蓋保鮮膜，在室溫下靜置20分鐘。

2 第一次發酵

用膠帶等做記號，放進冰箱蔬果室中，發酵一晚（6小時）～最長2天。

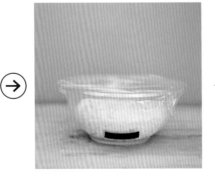

麵糰高度膨脹到兩倍以上就可以了。

＊麵糰高度沒膨脹到兩倍時，請放在室溫下，直到高度變成兩倍以上。

3 分切&滾圓

麵糰表面撒上手粉（高筋麵粉，分量外），傾斜調理盆用刮板輔助取出麵糰，再切成5等份。用手將麵糰邊緣往中心摺成圓形，翻面，用手整形成表面鼓脹的圓球，底部用手輕輕捏緊。

4 靜置時間

將捏好的麵糰放在工作檯上，蓋上乾布，在室溫下靜置10分鐘。

＊一份麵糰約57g

5 整形

撒上手粉，麵糰翻面，用手向二邊按壓成長度8cm的橢圓形。

從麵糰左右二邊往中間斜摺，使麵糰成為一端尖尖的水滴狀，再從上往下對摺，最後將收口處捏緊。

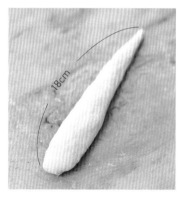

用手滾動麵糰輕搓，讓長度變成18cm（尖尖那一端形狀維持不變）。

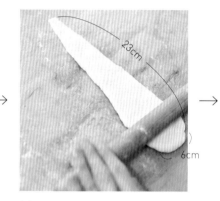

撒上手粉，用擀麵棒擀成底6cm×高23cm的等邊三角形。

從底部（寬邊）輕輕往上卷，卷好後，收口處捏緊。

6 第二次發酵

將麵糰收口處朝下，分散放在鋪好烘焙紙的烤盤上，用烤箱的發酵功能，以35℃發酵60分鐘。

＊或是蓋上乾布，在室溫下發酵到麵糰脹大一圈。

脹大一圈之後就OK了。烤箱預熱到190℃。

7 烘烤

麵糰表面用刷子塗上牛奶，放入烤箱用190℃烘烤約12分鐘至金黃上色。

Raw sugar roll
黑糖麵包卷

帶有淡淡黑糖香氣，是一款口味溫和的麵包。
加點糖一起做麵包，口感會更加濕潤。
黑糖不易溶解，建議加進水裡混合。
整形時，也建議可以把葡萄乾一起捲進去。

Salted roll
鹽奶油卷

據說這款麵包起源於奧地利，
一種細長麵包——麵包棒。
使用固態含鹽奶油捲進麵糰裡一起，
烘烤時奶油慢慢融化，麵包外脆內軟。

黑糖麵包卷

材料 （5個直徑8cm麵包）

A 高筋麵粉⋯120g
└ 鹽巴⋯3g

湯種 高筋麵粉⋯30g
熱水⋯60g

B 酵母粉⋯½小匙（1.5g）
牛奶⋯40g
水⋯25g
黑砂糖（粉狀）⋯25g
└ 奶油（無鹽）⋯10g

增添色澤用牛奶⋯適量

事前準備

· 奶油以微波爐加熱40秒，融化後靜置散熱。

做法

1 **製作麵糰** 將湯種材料加進調理盆中，用橡膠刮刀迅速攪拌30秒，靜置10分鐘以上散熱。 將 **B** 量好分量加進盆中，用打泡器攪拌，再將 **A** 量好分量加進盆中，用橡膠刮刀攪拌2分鐘至混合均勻。 覆蓋保鮮膜，在室溫下靜置30分鐘。

2 用沾濕的手從盆緣將麵糰拉起來，往中心摺疊，沿著盆緣重複此動作1圈半。 麵糰翻面，覆蓋保鮮膜，在室溫下靜置20分鐘。

3 **第一次發酵** 將裝有麵糰的調理盆放進冰箱蔬果室中，發酵一晚（6小時）～最長2天，直到麵糰高度膨脹到兩倍以上。

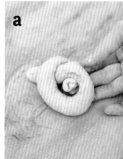

4 **分切&滾圓** **靜置時間** 麵糰表面撒上手粉（高筋麵粉，分量外）後取出麵糰，用刮板切成5等份，用手整形成表面鼓脹的圓球，底部用手輕輕捏緊。蓋上乾布，在室溫下靜置10分鐘。
＊一份麵糰約61g

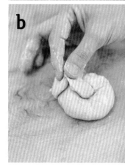

5 **整形** **第二次發酵** 撒上手粉，將麵糰翻面，用手壓成9cm長的橢圓形麵皮，依序從上方的1/3處往下摺、下方1/3處往上摺，摺好之後用手壓扁，再從上方往下對摺，捏緊麵糰接縫。 再用手搓成25cm的長度，打個鬆鬆的結（圖 **a** ），兩端捏緊黏合（圖 **b** ）。 麵糰收口朝下，放在鋪好烘焙紙的烤盤上，用烤箱的發酵功能，以35℃發酵60分鐘。

＊或是蓋上乾布，在室溫下發酵到麵糰脹大一圈為止。

6 **烘烤** 用刷子在麵糰表面刷上牛奶，在預熱到180℃的烤箱中烘烤約12分鐘。

鹽奶油卷

材料 （5個直徑10cm麵包）

A 高筋麵粉⋯120g
砂糖⋯10g
└ 鹽巴⋯3g

湯種 高筋麵粉⋯30g
熱水⋯60g

B 酵母粉⋯½（1.5g）
牛奶⋯35g
水⋯30g
└ 奶油（無鹽）⋯10g

捲進麵糰用的奶油⋯15g

增添色澤用牛奶、岩鹽（或粗鹽）⋯各適量

事前準備與做法

1 與「麵包卷」相同（第18～19頁）。整形時，把麵糰壓成等邊三角形後，將切分成3g的細長奶油放在底邊，捲一圈（圖 **a** ）牢牢壓緊，再繼續捲完。 刷上牛奶後，撒上岩鹽，送進烤箱烘烤。

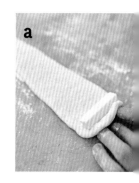

核桃麵包

混合大量核桃的口感，是這款微甜麵包的特色。
混在麵糰中的核桃，是經過烤焙後再浸泡在熱水裡的，
可防止吸收麵糰水分，也減少乾澀味，更適口。
裝飾用的核桃，用力壓到麵糰底，就不容易掉出來。

材料 （5個直徑9cm麵包）

A 高筋麵粉…120g
    砂糖…20g
    鹽巴…3g

湯種 高筋麵粉…30g
    熱水…60g

B 酵母粉…½小匙（1.5g）
    牛奶…75g
    奶油（無鹽）…5g

核桃…麵糰用45g＋裝飾用5顆
增添色澤用牛奶…適量

事前準備

· 將核桃放進170℃烤箱中，乾烤7分鐘。用於麵糰的核桃用手撥成小塊，浸泡熱水5分鐘後擦乾。

· 奶油以微波爐加熱40秒，融化後靜置散熱。

做法

1 **製作麵糰** 將湯種材料加進調理盆中，用橡膠刮刀迅速攪拌30秒後，靜置10分鐘散熱。將**B**量好分量加進盆中，用打泡器攪拌，再將**A**量好分量加進盆中，用橡膠刮刀攪拌2分鐘至混合均勻。倒進核桃混合攪拌一下，覆蓋保鮮膜，在室溫下靜置30分鐘。

2 用沾濕的手從盆緣將麵糰拉起來，往中心摺疊，沿著盆緣重複此動作1圈半。麵糰翻面，覆蓋保鮮膜，在室溫下靜置20分鐘。

3 **第一次發酵** 裝有麵糰的調理盆放進冰箱蔬果室中，發酵一晚（6小時）～最長2天，直到麵糰高度膨脹到兩倍以上。

4 **分切＆滾圓** **靜置時間** 麵糰表面撒上手粉（高筋麵粉，分量外）後取出麵糰，用刮板切分成5等份，用手整形成表面鼓脹的圓球，底部輕輕捏緊。蓋上乾布，在室溫下靜置10分鐘。

＊一份麵糰約70g

5 **整形** **第二次發酵** 上手粉，再度輕輕將麵糰滾圓，捏緊底部收口處，再用手壓成直徑8cm的圓形麵皮（圖**a**），用刮板在麵皮周圍等距切出5道3cm的切口（圖**b**）。麵糰放在鋪好烘焙紙的烤盤上，用烤箱的發酵功能，以35℃發酵60分鐘。

＊或是蓋上乾布，在室溫下發酵到麵糰脹大一圈。

6 **烘烤** 每片麵糰中央放一顆裝飾用核桃，用力壓到底，再用刷毛在表面刷上牛奶，在預熱到180℃的烤箱中烘烤約12分鐘。

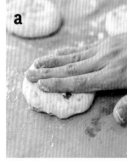

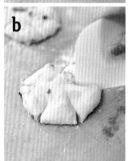

培根馬鈴薯麵包

把微波過的馬鈴薯輕輕搗碎，與培根、美乃滋混合，
填滿豐富內餡送去烘烤，就成了一款份量十足的熟食麵包。
讓馬鈴薯帶點鹽味，能和麵糰味道更協調。
如果深開口的造型讓餡料完全展露出來，就能在視覺上讓剛出爐的麵包更美味。

A 高筋麵粉⋯120g

　　砂糖⋯10g

　　鹽巴⋯3g

湯種｜高筋麵粉⋯30g

　　　熱水⋯60g

B 酵母粉⋯½小匙（1.5g）

　　牛奶⋯35g

　　水⋯30g

　　奶油（無鹽）⋯10g

【餡料】

　　馬鈴薯（切成1.5cm塊狀）

　　　⋯小1個（淨重100g）

　　培根（切成1cm寬）⋯3條

　　美乃滋⋯2小匙

　　鹽巴⋯¼小匙

　　粗粒黑胡椒⋯少許

增添色澤用牛奶⋯適量

事前準備

・奶油用微波爐加熱40秒，融化後散熱。

做法

1 **製作麵糰**　將湯種材料加進調理盆中，用橡膠刮刀迅速攪拌30秒，靜置10分鐘以上散熱。再將 **B** 量好分量加進盆中，用打泡器攪拌，接著將 **A** 量好分量加進盆中，用橡膠刮刀攪拌2分鐘混合均勻。覆蓋保鮮膜，在室溫下靜置30分鐘。

2 用沾濕的手從盆緣將麵糰拉起來，往中心摺疊，沿著盆緣重複此動作1圈半。麵糰翻面，覆蓋保鮮膜，在室溫下靜置20分鐘。

3 **第一次發酵**　將裝有麵糰的調理盆放進冰箱蔬果室中，發酵一晚（6小時）～最長2天，直到麵糰高度膨脹到兩倍以上。

4 **製作餡料**　馬鈴薯放進耐熱容器中，覆蓋保鮮膜，用微波爐加熱2分30秒，輕輕搗碎後，與其他材料混合。

5 **分切＆滾圓** **靜置時間**　麵糰表面上撒上手粉（高筋麵粉，分量外）後取出麵糰，用刮板分切成5等份，用手整形成表面鼓脹的圓球，底部輕輕捏緊。蓋上乾布，在室溫下靜置10分鐘。

＊一份麵糰約57g

6 **整形** **第二次發酵**　撒上手粉，將麵糰翻面，用手壓成直徑9cm的圓形麵皮，將步驟4平均放在麵糰上，從邊緣往中間收合（圖 **a**）後捏緊收口處。麵糰收口朝下，放在鋪好烘焙紙的烤盤上，用烤箱的發酵功能，以35℃發酵60分鐘。

＊或蓋上乾布，在室溫下發酵到麵糰脹大一圈。

7 **烘烤**　用剪刀在麵糰上剪出十字切口（圖 **b**，剪到看得見餡料），用刷毛在麵糰表面刷上牛奶，在預熱到180℃的烤箱中烘烤約15分鐘。

＊先上下剪一道較長的切口⇒再左右剪，麵糰比較不易沾黏。

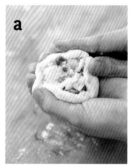

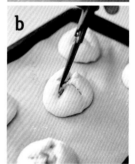

Custard bread

卡士達麵包

在Q彈又濕潤的麵糰裡，
塞滿滑順濃郁的卡士達奶油。
卡士達醬有點難度，
用微波爐也可以輕鬆做出來。
食譜是使用一顆全蛋的清爽口味，
若用兩顆蛋黃，
就是濃厚的蛋香奶油滋味了。

材料（6個12×8cm麵包）

A 高筋麵粉…120g
砂糖…20g
鹽巴…2g

湯種 高筋麵粉…30g
熱水…60g

B 酵母粉…½小匙（1.5g）
牛奶…50g
雞蛋…20g*
奶油（無鹽）…15g

【卡士達奶油】
雞蛋…1個（50g）
砂糖…40g
低筋麵粉…15g
牛奶…200g
香草莢（也可不用）
…少許

＊剩下的留下來做增色用

事前準備

・奶油用微波爐加熱40秒，融化後靜置散熱。

做法

1 **製作麵糰** 將湯種材料加進調理盆中，用橡膠刮刀迅速攪拌30秒，靜置10分鐘以上散熱。再將 **B** 量好分量加進盆中，用打泡器攪拌，再將 **A** 量好分量加進盆中，用橡膠刮刀攪拌2分鐘混合均勻。覆蓋保鮮膜，在室溫下靜置30分鐘。

2 用沾濕的手從盆緣將麵糰拉起來，往中心摺疊，沿著盆緣重複此動作1圈半。麵糰翻面，覆蓋保鮮膜，在室溫下靜置20分鐘。

3 **第一次發酵** 將裝有麵糰的調理盆放進冰箱蔬果室中，發酵一晚（6小時）～最長2天，直到麵糰高度膨脹到兩倍以上。

4 **製作卡士達奶油** 將雞蛋、砂糖、香草莢（縱切，刮出籽，豆莢也一起）放進耐熱容器中，用打泡器攪拌，依序加進低筋麵粉（過篩）、牛奶（少量多次）攪拌。覆蓋保鮮膜，用微波爐加熱2分鐘，再用打泡器攪拌。重覆3次「再加熱1分鐘、攪拌」的步驟，直到攪拌時看得到痕跡的硬度（圖**a**）。倒進托盤中，將保鮮膜貼覆在表面，使用保冰袋夾在中間冷卻，散熱後放冰箱冷藏。

＊冷藏可保存2天，也可冷凍保存。

5 **分切＆滾圓** **靜置時間** 麵糰表面撒上手粉（高筋麵粉，分量外）取出麵糰，用刮板切分成6等份，用手整形成表面鼓脹的圓球，底部輕輕捏緊。蓋上乾布，在室溫下靜置10分鐘。

＊一份麵糰約50g

6 **整形** **第二次發酵** 撒上手粉，麵糰翻面，用擀麵棒擀成高14×寬9cm的橢圓形麵皮，將步驟4的奶油平均放在每個麵糰的下半部，留下1.5cm邊緣（圖**b**），對摺後壓緊邊緣，牢牢黏合（圖**c**）。用刮板在邊緣等距切出3道1.5cm切口（圖**d**），放在鋪好烘焙紙的烤盤上，用烤箱的發酵功能，以35℃發酵60分鐘。

＊或是蓋上乾布，在室溫下發酵到麵糰脹大一圈。

7 **烘烤** 用刷毛將剩下的蛋液刷在表面上，在預熱到190℃的烤箱中烘烤約12分鐘。

a

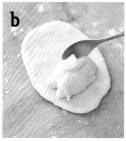
b

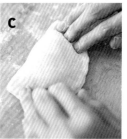
c

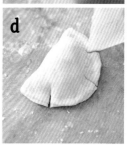
d

Chocolate cornet

巧克力螺旋麵包

一直以來，巧克力螺旋麵包都是麵包店裡的人氣商品。
利用微波爐，就能用塊狀巧克力輕易做出可可奶油醬。
用來捲麵糰的螺旋模型，也可以用烘焙紙製作。
烘焙完成要取出模型時，需等完全冷卻後，就能稍微旋轉即可滑順的抽出來。

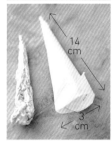

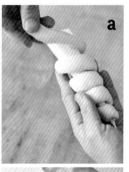

材料 （6個長12cm麵包）

A 高筋麵粉…120g
    砂糖…20g
    鹽巴…2g

湯種 高筋麵粉…30g
    熱水…60g

B 酵母粉…½小匙（1.5g）
    牛奶…50g
    雞蛋…20g＊
    奶油（無鹽）…15g

【可可奶油】

板狀巧克力（苦味）…1塊（50g）
雞蛋…1個（50g）
砂糖…20g
低筋麵粉…10g
可可粉…5g
牛奶…200g

＊剩下的可留下來當增色用

事前準備

· 奶油用微波爐加熱40秒，融化後靜置散熱。

做法

1 製作麵糰 將湯種材料加進調理盆中，用橡膠刮刀迅速攪拌30秒。 將 **B** 量好分量加進盆中，用打泡器攪拌，再將 **A** 量好分量加進盆中，用橡膠刮刀攪拌2分鐘混合均勻。 覆蓋保鮮膜，在室溫下靜置30分鐘。

2 用沾濕的手從盆緣將麵糰拉起來，往中心摺疊，沿著盆緣重複此動作1圈半。 麵糰翻面，覆蓋保鮮膜，在室溫下靜置20分鐘。

3 第一次發酵 將裝有麵糰的調理盆放進冰箱蔬果室中，發酵一晚（6小時）～最長2天，直到麵糰高度膨脹到兩倍以上。

4 製作可可奶油 將雞蛋、砂糖放進耐熱容器裡，用打泡器攪拌，再依序加入低筋麵粉、可可粉（過篩）、牛奶（少量多次）攪拌。 不蓋保鮮膜，直接放進微波爐加熱2分鐘，用打泡器攪拌。 重複3次「再加熱1分鐘後攪拌」的步驟，直到攪拌時看到痕跡的硬度為止（請參照第27頁圖**a**）。 趁熱時倒進切成1cm塊狀的巧克力，融化後倒進托盤中，表面貼覆保鮮膜，放置保冰袋冷卻，散熱後放進冰箱冷藏。

＊冷藏可保存2日，也可冷凍保存。

5 分切＆滾圓 靜置時間 麵糰表面上撒上手粉（高筋麵粉，分量外），取出麵糰，用刮板切分成6等份，用手揉成表面鼓脹的圓球，底部輕輕捏緊。 蓋上乾布，在室溫下靜置10分鐘。

＊一份麵糰約50g

6 整形 第二次發酵 撒上手粉，麵糰翻面，用手壓成8cm長的橢圓形麵皮，依序從上方1/3處及下方1/3處往中間摺，每次摺好後都用手壓平，再從上往下對摺，捏緊收口黏合。 用手將麵糰滾成35cm長，從螺旋模型上方往下捲（圖**a**），捲好後捏緊黏合。 收口朝下，放在鋪好烘焙紙的烤盤上，用烤箱的發酵功能，以35℃發酵60分鐘。

＊或蓋上乾布，在室溫下發酵到麵糰脹大一圈為止。

7 烘烤 表面用刷毛刷上剩下的蛋液，在預熱到190℃的烤箱中烘烤約12分鐘。 完全冷卻後，一邊旋轉一邊抽出模型，將步驟4倒進較厚的塑膠袋中，切掉塑膠袋一角1cm，把奶油擠到最裡面去（圖**b**）。

14cm
3cm

將烘焙紙裁成12cm的正方形，尖角處朝下，做成底部直徑3cm、長14cm的圓錐形，用釘書機釘牢。上部多出的部分朝外摺起，前端捏轉一下固定。用鋁箔紙做一個小一圈的圓錐體，塞到裡面做補強。總共製作6個螺旋模型。亦可使用市售模型。

Olive & cheese bread

橄欖起司麵包

把起司鋪在麵糰底下烘烤，翻個面，
就像在麵包上長了酥脆的起司翅膀。
搭配橄欖的鹽味，很適合下酒。
食譜中的橄欖，也可以用毛豆或核桃替換。

（5個直徑8cm麵包）

A 高筋麵粉⋯120g

⎯ 砂糖⋯20g

⎯ 鹽巴⋯3g

湯種 高筋麵粉⋯30g

⎯ 熱水⋯60g

B 酵母粉⋯½小匙(1.5g)

⎯ 牛奶⋯40g

⎯ 水⋯30g

⎯ 米油⋯10g

綠橄欖（去籽）⋯40g

披薩用起司⋯50g

事前準備

‧除去橄欖的水分，剖半備用。

做法

1 **製作麵糰** 將湯種材料加進調理盆中，用橡膠刮刀迅速攪拌30秒，靜置10分鐘以上，散熱。將 **B** 量好分量加進盆中，用打泡器攪拌，再將 **A** 量好分量加進盆中，用橡膠刮刀攪拌2分鐘混合均勻。覆蓋保鮮膜，在室溫下靜置30分鐘。

2 用沾濕的手從盆緣將麵糰拉起來，往中心摺疊，沿著盆緣重複此動作1圈半。麵糰翻面，覆蓋保鮮膜，在室溫下靜置20分鐘。

3 **第一次發酵** 將裝有麵糰的調理盆放進冰箱蔬果室中，發酵一晚（6小時）～最長2天，直到麵糰高度膨脹到兩倍以上。

4 **分切&滾圓** **靜置時間** 麵糰表面撒上手粉（高筋麵粉，分量外），取出麵糰，用刮板切分成5等份，用手整形成表面鼓脹的圓球，底部輕輕捏緊。蓋上乾布，在室溫下靜置10分鐘。

＊一份麵糰約66g

5 **整形** **第二次發酵** 撒上手粉，再次將麵包麵糰揉成表面鼓脹的圓球，底部捏緊黏合。將起司平均放在鋪好烘焙紙的烤盤上（圖**a**），麵糰收口朝下，放在起司上，用手壓成直徑6cm的圓形麵餅，與起司黏合（圖**b**），用烤箱的發酵功能，以35℃發酵50分鐘

＊或是蓋上乾布，在室溫下發酵到麵糰脹大一圈。

6 **烘烤** 在預熱到190℃的烤箱中，烘烤約12分鐘。

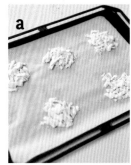

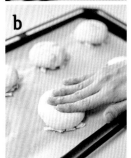

台式香蔥麵包

台灣的麵包店裡一定會出現的香蔥麵包。

當地做法會在麵糰和蛋液裡加糖增甜味,我改做減糖版本的鹹味麵包。

米粉增添麵糰的彈性,和蔥花也是好搭檔。

蛋液全部都倒進餡料裡,是餡料和麵糰很好的黏合劑。

材料 （5個11×9cm麵包）

A 高筋麵粉…120g
　　砂糖…15g
　　鹽巴…2g

湯種 米粉（也可用高筋麵粉替代）…30g
　　 熱水…60g

B 酵母粉…½小匙（1.5g）
　　牛奶…50g
　　雞蛋…20g
　　奶油（無鹽）…15g

【餡料】
　　小蔥（切小段）…½把（50g）
　　雞蛋…25g*
　　美乃滋、麻油…各1小匙
　　鹽巴…¼小匙

＊剩下的留起來做增色用。

事前準備

・奶油用微波爐加熱40秒，融化後靜置散熱。

用米研磨製成的米粉，拿來製作湯種會更具有彈性。本書介紹的麵包，包含湯種材料，所有的粉類的20～30%都可以用米粉來取代。不是製作麵包專用的米粉也可以使用。

做法

1 製作麵糰　將湯種材料加進調理盆中，用橡膠刮刀迅速攪拌30秒（圖**a**），靜置10分鐘以上散熱。將**B**量好分量加進盆中，用打泡器攪拌，再將**A**量好分量加進盆中，用橡膠刮刀攪拌2分鐘混合均勻。覆蓋保鮮膜，在室溫下靜置30分鐘。

2 用沾濕的手從盆緣將麵糰拉起來，往中心摺疊，沿著盆緣重複此動作1圈半。麵糰翻面，覆蓋保鮮膜，在室溫下靜置20分鐘。

3 第一次發酵　將裝有麵糰的調理盆放進冰箱蔬果室中，發酵一晚（6小時）～最長2天，直到麵糰高度膨脹到兩倍以上。

4 分切＆滾圓　靜置時間　麵糰表面撒上手粉（高筋麵粉，分量外），取出麵糰。用刮板切分成5等份，用手整形成表面鼓脹的圓球，底部輕輕捏緊。蓋上乾布，在室溫下靜置10分鐘。

＊一份麵糰約60g

5 整形　第二次發酵　麵糰上撒上手粉，再度將麵糰輕輕整形成表面鼓脹的圓球，底部捏緊黏合，用手壓成高8×寬7cm的橢圓形。放在鋪好烘焙紙的烤盤上，用烤箱的發酵功能，以35℃發酵50分鐘。

＊或是蓋上乾布，在室溫下發酵到麵糰脹大一圈。

6 烘烤　手指沾一點手粉，從麵糰中央往下壓平，留下邊緣2cm不壓（圖**b**），將混合好的餡料與蛋液平均放在麵糰上（圖**c**），用刷毛將剩下的蛋液刷在表面上。在預熱到180℃的烤箱中，烘烤約12分鐘。

巧巴達拖鞋麵包

起源於義大利北部的巧巴達麵包，Ciabatta的意思是「拖鞋」。
含水量較多的麵糰，不必滾圓也不需靜置時間，
在第一次發酵過後，把麵糰延展開來，再大致切開就可以了。

Prosciutto & mozzarella sandwich

生火腿莫札瑞拉起司三明治

Tuna & onion sandwich

鮪魚洋蔥三明治

巧巴達拖鞋麵包

材料（3個15×6cm麵包）

A 高筋麵粉⋯120g
　砂糖⋯3g
　鹽巴⋯3g

湯種 高筋麵粉⋯30g
　熱水⋯60g

B 酵母粉⋯⅓小匙（1g）
　水⋯70g
　橄欖油⋯6g

做法

1 **製作麵糰** 湯種材料加進調理盆中，用橡膠刮刀迅速攪拌30秒，靜置10分鐘以上散熱。 將 **B** 量好分量加進盆中，用打泡器攪拌，再將 **A** 量好分量加進盆中，用橡膠刮刀攪拌2分鐘混合均勻。 覆蓋保鮮膜，在室溫下靜置30分鐘。

2 用沾濕的手從盆緣將麵糰拉起來，往中心摺疊，沿著盆緣重複此動作1圈半。 麵糰翻面，覆蓋保鮮膜，在室溫下靜置20分鐘。

3 **第一次發酵** 將裝有麵糰的調理盆放進冰箱蔬果室中，發酵一晚（6小時）～最長2天，直到麵糰高度膨脹到兩倍以上。

4 **整形** **第二次發酵** 麵糰表面撒上手粉（高筋麵粉，分量外）後取出麵糰，用手指向外延展成15×15cm的正方形，再撒上手粉，用刮板從上往下切成3等份（圖 **a**）。 撒上手粉，分散放在鋪好烘焙紙的烤盤上，蓋上乾布，在室溫下靜置70分鐘。

5 **烘烤** 將烤箱預熱到250℃。 用噴霧器在麵糰上方噴3次水，將烤箱重新設定在210℃，烘烤約15分鐘。

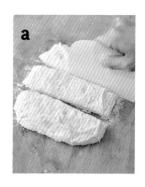

a

生火腿莫札瑞拉起司三明治

材料（3個）

巧巴達拖鞋麵包⋯3個
生火腿⋯6片（60g）
莫札瑞拉起司（薄切成6等份）⋯1個（100g）
番茄（薄切成6等份）⋯1個
芝麻葉⋯3株
橄欖油⋯3大匙
鹽巴⋯3撮

做法

1 將巧巴達拖鞋麵包橫向對半切，在斷面上繞圈淋上½大大匙橄欖油，依序夾入生火腿、起司、番茄、芝麻葉，再淋上½大匙橄欖油，撒一撮鹽巴，夾起來即可。

鮪魚洋蔥三明治

材料（3個）

巧巴達拖鞋麵包⋯3個

A 鮪魚罐頭（瀝汁）⋯2小罐（140g）
　洋蔥（薄切後浸水，瀝去水分）
　　⋯½大顆
　檸檬汁、橄欖油⋯各2大匙
　鹽巴⋯⅓小匙

做法

1 將巧巴達拖鞋麵包橫向對半切，把混合好的材料 **A** 夾進去即可。

Cherry tomato marinara pizza

聖女番茄義式番茄醬披薩

Marinara是指用番茄、蒜頭、橄欖油、
羅勒做出來的簡單義式番茄醬。
不需要第二次發酵的披薩，也適合當午餐食用
在加熱的平底鍋上先燒烤麵糰，
就能呈現石窯烤出的披薩風味。

Shrimp & mushroom pizza

鮮蝦蘑菇披薩

大量的蘑菇用蒜頭炒過，香氣四溢。
以高溫的平底鍋烤出底部呈現烤色的麵糰金黃增香，
搭配上濃稠的起司口感，美味無法擋。
鮮蝦也可以改用自己喜歡的鮪魚、培根或香菇。

聖女番茄義式番茄醬披薩

材料（2張直徑15cm的披薩）

A 高筋麵粉…120g
- 砂糖…3g
- 鹽巴…3g

湯種 高筋麵粉…30g
- 熱水…60g

B 酵母粉…⅓小匙（1g）
- 水…70g
- 橄欖油…6g

【番茄醬】
- 番茄醬…2大匙
- 蒜頭（磨成泥狀）…½瓣
- 鹽巴、砂糖…各¼小匙

聖女番茄（橫向剖半）…12個

C 橄欖油…1大匙
- 鹽巴…2撮
- 羅勒（乾燥）…¼小匙

做法

1 **製作麵糰** 將湯種材料加進調理盆中，用橡膠刮刀迅速攪拌30秒，靜置10分鐘以上散熱。將**B**量好分量加進盆中，用打泡器攪拌，再依序將**A**量好分量加進盆中，用刮板攪拌2分鐘混合均勻。覆蓋保鮮膜，在室溫下靜置30分鐘。

2 用沾濕的手從盆緣將麵糰拉起來，往中心摺疊，沿著盆緣重複此動作1圈半。麵糰翻面，覆蓋保鮮膜，在室溫下靜置20分鐘。

3 **第一次發酵** 將裝有麵糰的調理盆放進冰箱蔬果室中，發酵一晚（6小時）～最長2天，直到麵糰高度膨脹到兩倍以上。

4 **分切＆滾圓** **靜置時間** 麵糰表面撒上手粉（高筋麵粉，分量外）後取出麵糰，用刮板分切成2等份，用手整形成表面鼓脹的圓球，底部輕輕捏緊。蓋上乾布，在室溫下靜置10分鐘。
＊一份麵糰約140g

5 **整形** 撒上手粉，用手壓成直徑15cm的圓形，邊緣留厚一點。

6 **烘烤** 以中大火加熱強化塗層的不沾平底鍋，放進麵糰（小心燙傷），麵糰留下1.5cm邊緣，在上面依序平均放上番茄醬、聖女番茄（斷面朝上）、**C**，燒烤約8分鐘，直到底部烤色出現（圖a）。用鍋鏟移到燒烤爐，用大火烤5分鐘後，連同烤盤移到預熱至最高溫的烤箱裡（小心燙傷），重新設定到250℃，烘烤約7分鐘，直到邊緣大致都上了烤色為止。

翻譯說明：燒烤爐

一般日本的瓦斯爐，除了兩個瓦斯爐口之外，中間還會有一個像抽屜一樣的燒烤爐，可用來烤魚或做簡單的燒烤。

鮮蝦蘑菇披薩

材料（直徑15cm的披薩2張）

A
湯種 與上相同
B

剝殼鮮蝦（去背腸泥）
　…8隻（120g）
蘑菇（切薄片，20片取出備用）
　…2盒（200g）

蒜頭（切碎）…1瓣
鹽巴…⅓小匙
橄欖油…1大匙
披薩專用起司…6大匙

C 橄欖油…1大匙
- 鹽巴…2撮

做法

1 與上相同。在平底鍋中放進橄欖油和蒜頭後，開中火，炒出香氣後，加進鮮蝦、蘑菇炒，稍微上色之後撒上鹽巴，散熱。麵糰放到平底鍋後，邊緣保留1.5cm，上面依序平均放上炒過的蝦、蘑菇、起司、備用的蘑菇、C後，以相同方式燒烤。

PART 2

有嚼勁的
貝果

Q彈有嚼勁的貝果咬感，通常使用含水量50～60％的麵糰來製作，

本書的食譜介紹的是水分用到70％的高含水量貝果。

使用湯種，可以烘焙出更添鬆軟彈性與嚼勁的甜貝果。

省略第一次發酵的食譜也不少，但發酵過後會更加鬆軟。

整形步驟將麵糰一端壓平時，要記得壓薄一點。

省略第一次發酵也OK，貝果口感會比較紮實。

Plain bagel

原味貝果

這是只用了麵粉、砂糖、鹽巴、酵母粉和水的簡單組合，
所以能夠充分感受到低溫發酵所引出的麵粉香甜。
麵糰本身很黏，整形時要小心不要破損。
縮短煮的時間，烘烤出來的表皮會更柔軟。
發酵過度時，表面就會缺乏光澤，這一點請注意。

Plain bagel
原味貝果

材料（4個直徑7cm的貝果）

A 高筋麵粉…120g
⌐ 砂糖…5g
└ 鹽巴…3g

湯種 高筋麵粉…20g
熱水…40g

B 酵母粉…⅓小匙（1g）
└ 水…60g＊

＊春、夏、秋先放冰箱冷藏，冬天加熱到
自來水的溫度（20℃）。詳見第14頁。

事前準備

· 將湯種材料依序放入調理
盆中，用橡膠刮刀迅速攪
拌30秒，靜置10分鐘以上
散熱（詳見第10頁）。

1 製作麵糰

 →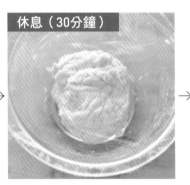

休息（30分鐘）

拉摺 | 休息（20分鐘）

將 **B** 加進裝盛湯種的玻璃調理
盆中，用打泡器攪拌到沒有結
塊為止，再將 **A** 量好分量加進盆
中，用橡膠刮刀攪拌2分鐘混合
均勻，最後用手收攏成一團。

覆蓋保鮮膜，在室溫下靜置30
分鐘。

用沾濕的手從盆緣將麵糰拉起來，從邊
緣往中心摺疊，重複此動作1圈半（拉
摺）。麵糰翻面，覆蓋保鮮膜，在室溫
下靜置20分鐘。

2 第一次發酵

 →→  →

3 分切＆滾圓

在麵糰邊緣用膠帶等做記號，
放進冰箱蔬果室一晚（6小
時）～最常2天，讓麵糰發酵。

麵糰高度膨脹到兩倍以上就
OK了。

＊高度不到兩倍時，將麵糰放在室溫
下，直到膨脹到兩倍以上。

麵糰表面撒上手粉（高筋麵
粉，分量外），用刮板沿著調
理盆緣繞一圈後，傾斜調理
盆，取出麵糰，用刮板切分成
4等份。用手壓平麵糰，將麵
糰邊緣拉向中心，聚合成圓球
狀後，麵糰翻面，將麵糰整形
成表面鼓脹的圓球，底部輕輕
捏緊。

4 靜置時間

將麵糰放在工作檯上，蓋上乾布，在室溫下靜置10分鐘。

＊一份麵糰約61g

5 整形

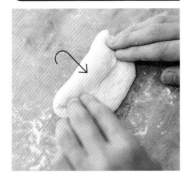

撒上手粉，麵糰翻面，用手壓成8cm長的橢圓形麵皮，依序從上方1/3處、下方1/3處往中央摺疊，每次摺疊後都用手壓平。

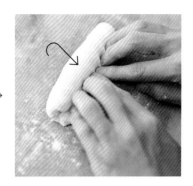

再從上方往下對摺，捏緊收口縫隙處。

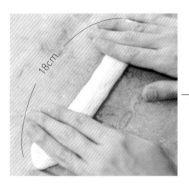

用手搓滾成18cm長，

用手將其中一端的尾部向外擴展壓平成扇形，

＊壓的愈薄，成品愈漂亮。

用壓平的一端包住另一端，將收口處牢牢捏緊。

6 第二次發酵

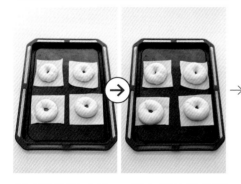

將4張裁切成10cm正方形的烘焙紙鋪在烤盤上，麵糰收口朝下擺上，用烤箱的發酵功能，以35℃發酵40分鐘。稍微脹大就可以了。將烤箱預熱到180℃。

＊或蓋上乾布，在室溫下發酵到稍微脹大為止。

7 水煮

在平底鍋加熱1公升水，沸騰後加入1大匙砂糖（分量外），將麵糰連同烘焙紙一起倒放進去（取出的烘焙紙放回烤盤），每一面都以小火各煮15秒。

＊麵糰受熱後，更容易和烘焙紙剝離。

8 烘烤

用濾網勺撈出麵糰，收口朝下放在烘焙紙上，在預熱到180℃的烤箱烘烤約15分鐘，直到外表金黃上色。

焙茶紅豆泥貝果

將焙茶的茶液當作麵糰的水分使用，
添加進茶葉，使麵包散發出濃郁茶香。
紅豆泥放進麵糰裡後，先捲一圈，
緊緊黏牢收口處，就不會露餡了。

抹茶
白巧克力貝果

抹茶先加水混合均勻，可避免結塊。
略帶苦味的抹茶，與甜甜的白巧克力是非常
經典的組合。
保留成塊的巧克力，更添美味。

焙茶紅豆泥貝果

材料 （4個直徑7cm貝果）

A 高筋麵粉…120g
　　砂糖…10g
　　鹽巴…3g
　　焙茶葉(茶包)…1包(2g)

[湯種] 高筋麵粉…20g
　　　熱水…40g

B 酵母粉…⅓小匙(1g)
　　熱水…80g
　　焙茶葉(茶包)…1包(2g)

市售紅豆泥(或含顆粒紅豆餡)…100g

事前準備

· **B**的焙茶葉茶包放進熱水裡，靜置散熱，擠出焙茶茶液，準備65g備用。

做法

1 **製作麵糰** 將湯種材料依序加進調理盆中，用橡膠刮刀迅速攪拌30秒，靜置10分鐘以上散熱。將**B**量好分量加進盆中，用打泡器攪拌，再將**A**量好分量加進盆中，用橡膠刮刀攪拌2分鐘混合均勻。覆蓋保鮮膜，在室溫下靜置30分鐘。

2 用沾濕的手從盆緣將麵糰拉起來，往中心摺疊，沿著盆緣重複此動作1圈半。麵糰翻面，覆蓋保鮮膜，在室溫下靜置20分鐘。

3 **第一次發酵** 將裝有麵糰的調理盆放進冰箱蔬果室中，發酵一晚（6小時）～最長2天，直到麵糰高度膨脹到兩倍以上。

4 **分切&滾圓** **靜置時間** 麵糰表面撒上手粉（高筋麵粉，分量外）後取出麵糰，用刮板分切成4等份，用手整形成表面鼓脹的圓球，底部輕輕捏緊。蓋上乾布，在室溫下靜置10分鐘。
＊一份麵糰約64g

5 **整形** **第二次發酵** 撒上手粉，麵糰翻面，用擀麵棒擀成寬13 高9cm的橢圓形麵皮，在上方1/3處平均放上紅豆泥（圖**a**），從上往下捲（圖**b**），緊緊壓牢（圖**c**）。再繼續往下捲，牢牢將收口處捏緊黏合，用手搓滾成18cm長，將其中一端壓至扁平，拉到另一端上方後包起來，捏緊接合處。將4張裁切成10cm正方形的烘焙紙擺在烤盤上，麵糰收口朝下，放在烘焙紙上，用烤箱的發酵功能，以35℃發酵40分鐘。
＊一份麵糰約64g

6 **水煮** **烘烤** 用平底鍋煮沸1公升水，加進1大匙砂糖（分量外），將麵糰連同烘焙紙倒放進去（取出烘焙紙放回烤盤），兩面各以小火煮15秒。撈起瀝乾水分，麵糰收口朝下放到烘焙紙上，放進預熱到180℃的烤箱，烘烤約15分鐘。

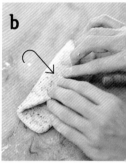

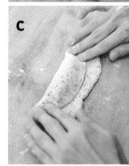

抹茶白巧克力貝果

材料 （4個直徑7cm貝果）

A 高筋麵粉…120g
　　砂糖…10g
　　鹽巴…3g

[湯種] 高筋麵粉…20g
　　　熱水…40g

B 酵母粉…⅓小匙(1g)
　　水…65g
　　抹茶…5g

板狀巧克力(白巧克力·切成1cm正方形)…25g

做法

1 與上相同。將紅豆泥改成白巧克力，平均放在麵糰上，在預熱到170℃的烤箱中，烘烤約15分鐘。
＊一份麵糰約63g

奧利奧貝果

麵糰裡面和貝果表面滿滿都是奧利奧。
奧利奧裡面的鮮奶油，
增加麵糰的香甜調味。
裝飾用的奧利奧用力壓進麵糰裡，
出爐時就不容易掉下來。

提拉米蘇貝果

把起司用苦甜參半的咖啡麵糰捲起來，
就是提拉米蘇風味的貝果。
使用粉狀的馬斯卡彭起司，餡料就不容易流出來。
改用奶油乳酪也能做出另一種好滋味。

毛豆奶油乳酪貝果

毛豆的口感與奶油乳酪的濃厚二者是好搭配。
用米粉做的湯種,更添嚼勁。
也可以只用毛豆,
或加上切碎的培根或火腿
讓貝果更耐嚼。

岩鹽捲貝果

水煮時加進小蘇打,
讓麵包具有淡淡鹼水味的獨特風味與色澤。
添加了牛奶與奶油,
類似甜麵包麵糰的貝果。
表面乾燥之後再劃上割紋線,
成品不沾黏又漂亮。

Oreo bagel
奧利奧貝果

材料（4個直徑8cm貝果）

A 高筋麵粉…120g
└ 砂糖…5g
└ 鹽巴…3g

湯種 高筋麵粉…20g
└ 熱水…40g

B 酵母粉…⅓小匙（1g）
└ 水…60g

奧利奧餅乾…10個

做法

1 製作麵糰 第一次發酵 做法與「焙茶紅豆泥貝果」（第43頁）相同。製作麵糰的最後，將4組奧利奧餅乾分成4塊，用手捏碎，一起攪拌均勻。

2 分切&滾圓 靜置時間 麵糰表面撒上手粉（高筋麵粉，分量外）後取出麵糰，用刮板分切成4等份。用手整形成表面鼓脹的圓球，底部輕輕捏緊。蓋上乾布，在室溫下靜置10分鐘。

＊一份麵糰約71g

3 整形 第二次發酵 撒上手粉，麵糰翻面，用擀麵棒延展成長13寬9cm的橢圓形麵皮，將1組奧利奧餅乾分成5份，放在上方1/3處（圖a），從上往下捲一圈，壓緊。再往下捲完，收口處捏緊，用手滾成18cm長，壓平其中一端，拉到另一端上方後包起來，收口捏緊黏合。將4張裁切成10cm正方形的烘焙紙鋪在烤盤上，麵糰收口朝下，放在烘焙紙上，用烤箱的發酵功能，以35℃發酵40分鐘。

＊或是蓋上乾布，在室溫下發酵到麵糰脹大一圈。

4 水煮 烘焙 1公升的水用平底鍋煮沸，加進1大匙砂糖（分量外）後，麵糰連同烘焙紙一起倒放進去（取出烘焙紙放回烤盤上），兩面分別用小火煮15秒。撈起濾乾水分，麵糰收口朝下，放在烘焙紙上，將分成兩半的奧利奧餅乾放進正中央的洞口，壓到底（圖b），在預熱到180℃的烤箱中，烘烤約15分鐘。

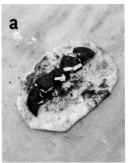

Tiramisu bagel
提拉米蘇貝果

材料（4個直徑7cm貝果）

A 高筋麵粉…120g
└ 砂糖…15g
└ 鹽巴…3g

湯種 高筋麵粉…20g
└ 熱水…40g

B 酵母粉…⅓小匙（1g）
└ 水…55g
└ 即溶咖啡（顆粒狀）…3g

【餡料】
└ 馬斯卡彭起司…60g
└ 砂糖…10g
└ 高筋麵粉…10g

事前準備

・混合餡料材料，冷藏備用。

做法

1 與上相同。整形時，用擀麵棒將麵糰延展成長13寬10cm的橢圓形麵皮，左、右、下方分別留下1cm邊緣，在上面平均塗上餡料，從上方往下捲，捲好後捏緊收口處。

＊一份麵糰約61g

Edamame & cream cheese bagel
毛豆奶油乳酪貝果

材料 （4個直徑8cm貝果）

A 高筋麵粉…120g
└ 砂糖…5g
└ 鹽巴…3g

湯種 米粉（也可用高筋麵粉替代）…20g
└ 熱水…40g

B 酵母粉…⅓小匙（1g）
└ 水…60g

毛豆（冷凍產品·解凍後去殼取出豆仁）…50g

奶油乳酪…75g

做法

1 與「焙茶紅豆泥貝果」（第43頁）相同。 製作麵糰的最後，加入瀝乾水分的毛豆仁攪拌混合。 整形時，用擀麵棒將麵糰延展成長13寬9cm的橢圓形，在上方1/3處平均放上奶油乳酪，往下捲一圈，牢牢壓緊收口處，繼續往下捲，捲好後捏緊收口黏合。

＊一份麵糰約73g

Pretzel bagel
岩鹽捲貝果

材料 （4個直徑7cm貝果）

A 高筋麵粉…120g
└ 砂糖…15g
└ 鹽巴…3g

湯種 高筋麵粉…20g
└ 熱水…40g

B 酵母粉…⅓小匙（1g）
└ 牛奶…40g
└ 水…25g
└ 奶油（無鹽）…5g

小蘇打…2大匙

岩鹽（或粗鹽）…少許

事前準備

· 依序將湯種材料加進調理盆中，用橡膠刮刀迅速混合30秒，靜置10分鐘以上散熱。

· 奶油用微波爐加熱40秒，融化後靜置散熱。

重曹就是小蘇打，也被稱為「烘焙蘇打」，透過二氧化碳的作用，讓沉重的麵糰膨脹。加進熱水中來煮，可讓麵糰帶有淡淡的鹼水味，烤焙加熱時會焦糖化上色更好，風味更佳。

做法

1 **製作麵糰** **第二次發酵** 與「原味貝果」（第40～41頁）相同。 第二次發酵時，用烤箱的發酵功能，以35℃發酵30分鐘。

＊一份麵糰約65g

2 **水煮** **烘焙** 將1公升的水用平底鍋煮沸，加進小蘇打後，麵糰連同烘焙紙一起倒放進去（取出烘焙紙放回烤盤上），兩面分別用小火煮15秒。 撈起瀝乾水分後，麵糰收口朝下，放在烘焙紙上，靜置2分鐘使表面乾燥，在表面劃上「井」字割紋線（圖**a**），撒上岩鹽。在預熱到190℃的烤箱中，烘烤約15分鐘。

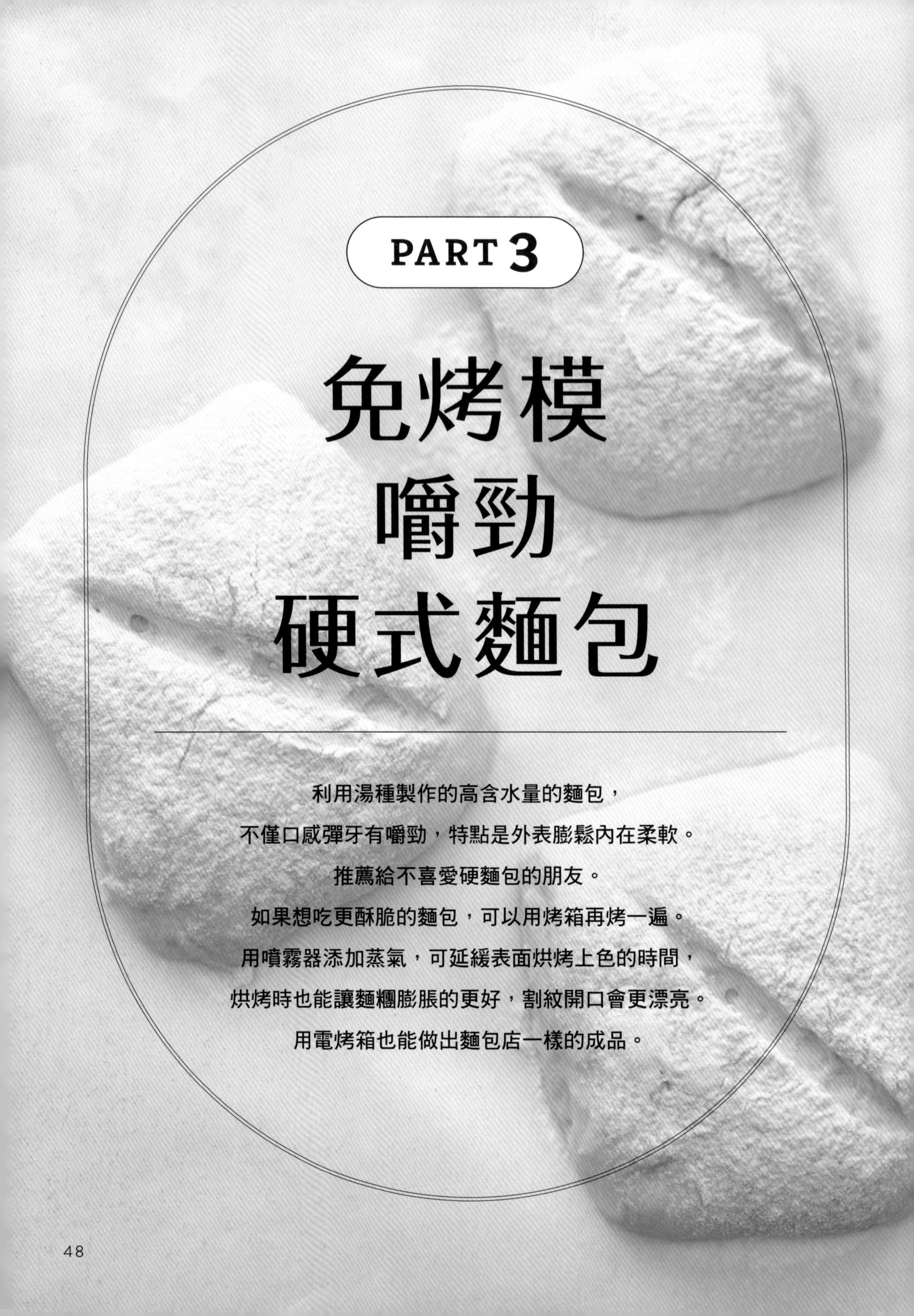

PART 3

免烤模
嚼勁
硬式麵包

利用湯種製作的高含水量的麵包，

不僅口感彈牙有嚼勁，特點是外表膨鬆內在柔軟。

推薦給不喜愛硬麵包的朋友。

如果想吃更酥脆的麵包，可以用烤箱再烤一遍。

用噴霧器添加蒸氣，可延緩表面烘烤上色的時間，

烘烤時也能讓麵糰膨脹的更好，割紋開口會更漂亮。

用電烤箱也能做出麵包店一樣的成品。

Rustique

田園麵包

利用湯種製作的麵糰手感很黏，因為這是含水量最高的麵包。
將原本食譜中的中高筋麵粉，改用低筋麵粉來製作湯種，
烘焙出外酥內軟、咬勁極佳、清脆的麵包。
麵糰不用揉出手套膜，只需摺疊、分切、烘烤，就這麼簡單。

田園麵包
Rustique

材料（3個長8×7cm麵包）

A 高筋麵粉…130g
　砂糖…3g
　鹽巴…3g

湯種 低筋麵粉…20g
　　 熱水…40g

B 酵母粉…¼ 小匙（0.75g）
　水…90g *

＊春、夏、秋先放冰箱冷藏，冬天加熱到自
　來水的溫度（20℃）。詳見第14頁。

事前準備

· 依序將湯種材料放進調理
　盆中，用橡膠刮刀迅速攪
　拌30秒，靜置10分鐘以上
　散熱（詳見第10頁）。

1 製作麵糰

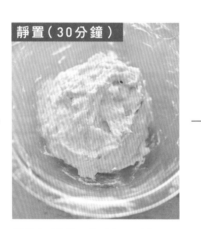

靜置（30分鐘）

拉摺

將 **B** 量好分量倒進湯種用調理
盆中，用打泡器攪拌到沒有大
的結塊為止，再將 **A** 量好分量
加進盆中，用橡膠刮刀攪拌 2
分鐘，使麵糰均勻。

覆蓋保鮮膜，在室溫下靜置30
分鐘。

用沾濕的手，從盆緣將麵糰拉
起來，

2 第一次發酵

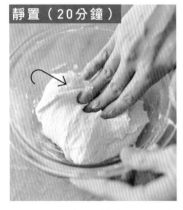

靜置（20分鐘）

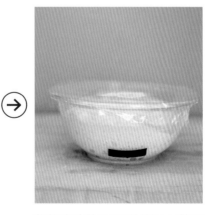

往中心摺疊，沿著盆緣重複此
動作1圈半（拉摺）。麵糰翻
面，覆蓋保鮮膜，在室溫下靜
置20分鐘。

在麵糰邊緣用膠帶等做記號，
放進冰箱蔬果室中，發酵一晚
（6小時）～最長2天。

麵糰高度膨脹到兩倍以上就可
以了。

＊麵糰高度沒膨脹到兩倍時，請放在室溫
　下，直到高度變成兩倍以上。

3 整形

麵糰表面撒上手粉（高筋麵粉，分量外），用刮板沿著麵糰和調理盆之間劃一圈，傾斜調理盆，取出麵糰。
＊撒上手粉那一面朝下。

用手指拉展成15×15cm的麵皮，

分別從上方、下方的1/3處往中間摺，捏緊收口處。

用刮板薄薄切掉左右兩端，縱切成三等份。
＊不用秤一份麵糰的重量也OK。

4 第二次發酵

與烤盤相同大小的板子或厚紙（雜誌）上鋪上烘焙紙，麵糰收口朝下，分散放在上面（切下的邊也揉成糰放上），蓋上乾布，在室溫下靜置50分鐘（盛夏時靜置35分鐘後放進冰箱冷藏）。

麵糰變得稍微鬆軟即可。第二次發酵完成前20分鐘以上，將兩張烤盤放進烤箱，預熱到最高溫度。

5 烘烤

手持濾網在麵糰表面撒上手粉，用割紋刀斜斜劃上一道8cm的割紋線，
＊將割紋刀刃以斜切麵糰方式，順手切割過去。若沒有出現明顯割紋線，可重複劃幾次，就會有漂亮割口。
＊割紋線開口朝烤箱內側放置，開口會更容易打開。

用噴霧器噴三次水（直接噴在麵糰上會噴散麵粉，請朝上噴），也在烤箱的兩張烤盤之間噴三次水，將麵糰連同烘焙紙一起送進下層烤盤。

在上層烤盤中加進80ml熱水（小心燙傷），用180℃烘烤8分鐘（也可使用蒸氣模式）⇒取出上層烤盤，再以230℃烘烤約12分鐘。
＊只有一張烤盤時，請在烤盤下方放一個裝有熱水的托盤來烘烤。

Rustique with spinach & Cheddar

菠菜切達起司
田園麵包

我不僅加入大量的切達起司在麵糰裡，也用來裝飾，絕對是料好實在的麵包。
融化流出的起司烤得焦焦脆脆，光看就讓人無法抗拒了。
揉進麵糰裡的菠菜，需事先將水分擠出。
也可用一般披薩起司替代專用起司來製作，美味不減。

紅茶蔓越莓巧克力
田園麵包

麵糰裡混入伯爵茶的茶葉,讓麵包散發出淡淡的茶香。
酸甜的蔓越莓與微苦味巧克力融合的風味,讓人口齒留香。
為了不讓乾燥蔓越莓吸取麵糰的水分,請先用熱水泡過回軟。
巧克力容易烤焦,就不揉進麵糰裡,整形時再添加。

菠菜切達起司田園麵包

材料（3個8×8cm麵包）

A 高筋麵粉…130g
　　砂糖…3g
　　鹽巴…3g

[湯種] 低筋麵粉…20g
　　　熱水…40g

B 酵母粉…¼ 小匙（0.75g）
　　水…85g

菠菜…⅓ 把（70g）

切達起司…麵糰用 40g ＋裝飾用 15g

事前準備

· 菠菜快速汆燙一下，瀝乾水分，再用力絞出水分，切成2cm寬，準備40g備用。

· 切達起司撕成1.5cm塊狀。

做法

1 [製作麵糰] 將湯種材料加進調理盆中，用橡膠刮刀迅速攪拌30秒，靜置10分鐘以上散熱。將 **B** 量好分量倒進湯種用調理盆中，用打泡器攪拌，再將 **A** 量好分量加進盆中，用橡膠刮刀攪拌2分鐘混合均勻。加進菠菜，全部攪拌均勻後，覆蓋保鮮膜，在室溫下靜置30分鐘。

2 用沾濕的手從盆緣將麵糰拉起來，往中心摺疊，沿著盆緣重複此動作1圈半。麵糰翻面，覆蓋保鮮膜，在室溫下靜置20分鐘。

3 [第一次發酵] 將裝有麵糰的調理盆放進冰箱蔬果室中，發酵一晚（6小時）～最長2天，直到麵糰高度變成2倍以上。

4 [整形] [第二次發酵] 麵糰表面撒上手粉（高筋麵粉，分量外）後取出麵糰，用手指延展成15×15cm，將 ½ 份量的麵糰用起司放在正中央（圖**a**），從下方 ⅓ 處往上摺疊，再將剩下的麵糰用起司放上去（圖**b**）。從上方 ⅓ 處往下摺疊，捏緊收口處，再用刮板薄薄切掉左右兩側的麵糰，縱切成3等份。麵糰收口朝下，放在鋪有烘焙紙的厚紙上，蓋上乾布，在室溫下靜置50分鐘。

＊盛夏時，在室溫下靜置35分鐘後，放進冰箱冷藏。

5 [烘烤] 在完成第二次發酵的20分鐘前，將兩張烤盤放進烤箱，將烤箱預熱到最高溫度。麵糰表面用手持篩網撒上高筋麵粉（分量外）後，斜斜劃上一道割紋線，在開口處撒上裝飾用起司。用噴霧器分別在麵糰上與烤箱內噴水，將麵糰連同烘焙紙一起送進下層烤盤，在上層烤盤中倒入80ml熱水（小心燙傷），用180℃烘烤8分鐘（也可使用蒸氣模式）⇒取出上層烤盤，以230℃烘烤約12分鐘。

a

b

Rustique with tea, dried cranberry & chocolate

紅茶蔓越莓巧克力田園麵包

材料（3個8×7cm麵包）

A 高筋麵粉…130g

砂糖…3g

鹽巴…3g

紅茶茶葉（格雷伯爵茶茶包）

…1包（2g）

湯種 低筋麵粉…20g

熱水…40g

B 酵母粉…¼ 小匙（0.75g）

水…95g

乾燥蔓越莓…40g

板狀巧克力（苦味）…⅗枚（30g）

事前準備

· 乾燥蔓越莓先泡一下熱水，取出後擦乾水分。

· 板狀巧克力切成1cm塊狀。

擁有酸甜滋味與紅寶石色澤的蔓越莓，和巧克力的甜味非常對味。加進優酪乳或灑在冰淇淋上，也很美味。（富）⇒洽購詳見第88頁。

做法

1 **製作麵糰** 將湯種材料加進調理盆中，用橡膠刮刀迅速攪拌30秒，靜置10分鐘以上散熱。 將 **B** 量好分量倒進湯種用調理盆中，用打泡器攪拌，再將 **A** 量好分量加進盆中，用橡膠刮刀攪拌2分鐘混合均勻。 加進蔓越莓，全部攪拌均勻後，覆蓋保鮮膜，在室溫下靜置30分鐘。

2 用沾濕的手從盆緣將麵糰拉起來，往中心摺疊，沿著盆緣重複此動作1圈半。 麵糰翻面，覆蓋保鮮膜，在室溫下靜置20分鐘。

3 **第一次發酵** 將裝有麵糰的調理盆放進冰箱蔬果室中，發酵一晚（6小時）～最長2天，直到麵糰高度變成2倍以上。

4 **整形** **第二次發酵** 麵糰表面撒上手粉（高筋麵粉，分量外）後取出麵糰，用手指拉展成15×15cm（若蔓越莓被擠到麵糰外側，請塞到內側，以免烤焦），將一半巧克力放在正中央，從下方1/3處往上摺疊，再將剩下的巧克力放上去（請參考左頁的圖**a**、**b**）。 從上方1/3處往下摺疊，捏緊收口黏合，再用刮板薄薄切掉左右兩側的麵糰，縱切成3等份。 麵糰收口朝下，放在鋪有烘焙紙的厚紙上，蓋上乾布，在室溫下靜置50分鐘。

＊盛夏時，在室溫下靜置35分鐘後，放進冰箱冷藏。

5 **烘烤** 在完成第二次發酵的20分鐘前，將兩張烤盤放進烤箱，將烤箱預熱到最高溫度。 麵糰表面用手持篩網撒上高筋麵粉（分量外）後，斜斜劃上一道割紋線，用噴霧器分別在麵糰上與烤箱內噴水。 將麵糰連同烘焙紙一起送進下層烤盤，在上層烤盤中倒入80ml熱水（小心燙傷），用180℃烘烤8分鐘（也可使用蒸氣模式）⇒取出上層烤盤，以230℃烘烤約12分鐘。

Pain de campagne with rice flour

米粉歐式鄉村麵包

用米粉製作的湯種，可烤出內部Q彈，冷卻後連表皮都鬆軟的歐式鄉村麵包。
低溫發酵一晚，即可嚐到米粉釋放出來的甘甜味。
因麵糰含水量多，很黏手，在延展時要小心避免撕裂，
可以適時撒上手粉（不是專用米粉也可以）再開始整形。

A 高筋麵粉⋯110g

　米穀粉（若無，可用低筋麵粉）⋯20g

　砂糖⋯3g

　鹽巴⋯3g

湯種｜米穀粉（也可用低筋麵粉替代）⋯20g

　熱水⋯40g

B 酵母粉⋯¼ 小匙（0.75g）

　水⋯90g

做法

1 **製作麵糰**　將湯種材料加進調理盆中，用橡膠刮刀迅速攪拌30秒，靜置10分鐘以上散熱。將 **B** 量好分量倒進湯種用調理盆中，用打泡器攪拌，再將 **A** 量好分量加進盆中，用橡膠刮刀攪拌2分鐘混合均勻。覆蓋保鮮膜，在室溫下靜置30分鐘。

2 用沾濕的手從盆緣將麵糰拉起來，往中心摺疊，沿著盆緣重複此動作1圈半。麵糰翻面，覆蓋保鮮膜，在室溫下靜置20分鐘。

3 **第一次發酵**　將裝有麵糰的調理盆放進冰箱蔬果室中，發酵一晚（6小時）～最長2天，直到麵糰高度變成2倍以上。

4 **滾圓**　**靜置時間**　麵糰表面撒上手粉（高筋麵粉，分量外）後，取出麵糰，從邊緣往中心摺疊一圈（圖 **a**），麵糰翻面，把麵糰邊緣往底下塞，將麵糰整形成表面鼓脹的圓球（圖 **b**），底部輕輕捏緊。蓋上乾布，在室溫下靜置15分鐘。

5 **整形**　**第二次發酵**　麵糰表面撒上手粉後翻面，用手壓平後再重複 **a**、**b** 步驟，重新將麵糰滾圓，底部捏緊黏合。在直徑18cm的調理盆裡鋪上乾布，麵糰收口朝上放進盆中，手持篩網撒上大量乾粉（圖 **c**），蓋上乾布，在室溫下靜置60分鐘。

＊請使用漂白過的棉布等不易掉毛的布類。

＊盛夏時，在室溫下靜置45分鐘後，放進冰箱冷藏。

6 **整形**　在完成第二次發酵的20分鐘前，將兩張烤盤放進烤箱，將烤箱預熱到最高溫度。麵糰翻面，放在鋪有烘焙紙的厚紙上，若粉不夠，再用手持篩網撒點粉，在上下、左右各劃一道割紋線，呈十字型（圖 **d**）。用噴霧器分別在麵糰上與烤箱內噴水。將麵糰連同烘焙紙一起送進下層烤盤，在上層烤盤中倒入80ml熱水（小心燙傷），用180℃烘烤8分鐘（也可使用蒸氣模式）⇒取出上層烤盤，以230℃烘烤約18分鐘。

＊割紋線深度約5mm。在十字的正中央多劃幾次，下刀深，割紋線看起來會更均勻。

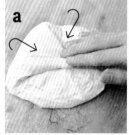

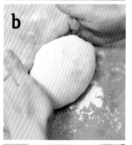

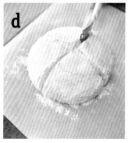

黑糖核桃歐式鄉村麵包

可以揉進麵糰的黑糖分量有限，
因此先用黑糖將核桃炒過包裹一層焦糖後加進麵糰，
這樣更能嚐到黑糖風味的麵包了。
黑糖核桃本身就很美味，可以多做一些當成小零嘴享用。

迷你卡門貝爾起司歐式鄉村麵包

這次我們來做迷你尺寸、包裹著卡門貝爾起司的鄉村麵包，
整形起來也比較輕鬆。
湯種裡加入全麥粉，香氣更濃郁，麵糰也會略呈茶色。
將加有香草的橄欖油滴在割紋線上，
切口會漂亮的敞開，飄香四溢。

59

黑糖核桃歐式鄉村麵包

材料 （1個直徑15cm麵包）＊直徑18cm調理盆1個

A 高筋麵粉… 130g
└ 鹽巴… 3g

湯種 低筋麵粉… 20g
熱水… 40g

B 酵母粉… ¼ 小匙（0.75g）
水… 85g
└ 黑糖（粉狀）… 20g

【黑糖核桃】
黑糖（粉狀）… 20g
水… ½ 大匙
└ 核桃… 40g

事前準備

· 依序將湯種材料加進調理盆中，用橡膠刮刀迅速攪拌30秒，靜置10分鐘以上散熱。

· 核桃送進170℃的烤箱中乾烤7分鐘，較大的用手剝成兩半。

做法

1 製作麵糰～第一次發酵 與「田園麵包」（第50頁）相同。

2 製作黑糖核桃 平底鍋裡放進黑糖、水，以中火加熱，鍋中大量起泡後，加進核桃拌炒（圖**a**），分散放在烘焙紙上散熱。

3 滾圓 靜置時間 麵糰表面撒上手粉（高筋麵粉，分量外）後，取出麵糰，從邊緣往中心摺疊一圈，麵糰翻面，把麵糰邊緣往底下塞，將麵糰整形成表面鼓脹的圓球（請參考第57頁圖**a**、**b**），底部輕輕捏緊。蓋上乾布，在室溫下靜置15分鐘。

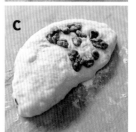

4 整形 第二次發酵 麵糰表面撒上手粉後翻面，用手壓成直徑15cm的圓形，上半部放上1/3份量的黑糖核桃（圖**b**），從下方往上對摺。再將1/3份量的黑糖核桃放在麵糰其中一半（圖**c**）後再對摺。放上剩下的黑糖核桃，從麵糰邊緣往中間包裹起來（圖**d**），捏緊收口黏合。在直徑18cm的調理盆裡鋪上乾布，用手持篩網撒上大量手粉，麵糰收口朝上放進盆中，蓋上乾布，在室溫下靜置60分鐘。

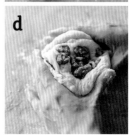

5 烘烤 在完成第二次發酵的20分鐘前，將兩張烤盤放進烤箱，將烤箱預熱到最高溫度。麵糰翻面，放在鋪有烘焙紙的厚紙上，若粉不夠，再用手持篩網撒點粉，在麵糰表面上劃下「井」字割紋線，一直劃到邊緣（圖**e**）。用噴霧器分別在麵糰上與烤箱內噴水。將麵糰連同烘焙紙一起送進下層烤盤，在上層烤盤中倒入80ml熱水（小心燙傷），用180℃烘烤8分鐘（也可使用蒸氣模式）⇒取出上層烤盤，以230℃烘烤約16分鐘。

Petit pain de campagne with Camembert cheese
迷你卡門貝爾起司歐式鄉村麵包

材料（4個8×7cm麵包）

A 高筋麵粉…130g
 ├ 砂糖…3g
 └ 鹽巴…3g

湯種 全麥粉（粗挽）…20g ＊
 熱水…40g

B 酵母粉…¼ 小匙（0.75g）
 └ 水…85g

卡門貝爾起司…1 個（90g）

C 迷迭香（取下葉片）…⅓ 枝
 └ 橄欖油…1 大匙

＊也可以用乾燥香料粉（乾燥的會比新鮮的硬一點）。

事前準備

・卡門貝爾起司先縱向、橫向對切成4小塊。

・**C** 先混合後靜置10分鐘。

做法

1 **製作麵糰** 依序將湯種材料加進調理盆中，用橡膠刮刀迅速攪拌30秒（圖**a**），靜置10分鐘以上散熱。 將**B**量好分量倒進湯種用調理盆中，用打泡器攪拌，再將**A**量好分量加進盆中，用橡膠刮刀攪拌2分鐘混合均勻。 覆蓋保鮮膜，在室溫下靜置30分鐘。

2 用沾濕的手從盆緣將麵糰拉起來，往中心摺疊，沿著盆緣重複此動作1圈半。 麵糰翻面，覆蓋保鮮膜，在室溫下靜置20分鐘。

3 **第一次發酵** 將裝有麵糰的調理盆放進冰箱蔬果室中，發酵一晚（6小時）～最長2天，直到麵糰高度變成2倍以上。

4 **分切＆滾圓** **靜置時間** 麵糰表面撒上手粉（高筋麵粉，分量外）後，取出麵糰，再撒上手粉，用刮板分切成4等份，將麵糰整形成表面鼓脹的圓球，底部輕輕捏緊。 蓋上乾布，在室溫下靜置15分鐘。

＊一份麵糰約69g

5 **整形** **第二次發酵** 麵糰表面撒上手粉後翻面，用手壓成直徑8cm的圓形，正中央各放上一片起司，從邊緣往中間包裹起來，捏緊收口黏合。 麵糰收口朝下，放在鋪有烘焙紙的厚紙上，蓋上乾布，在室溫下靜置60分鐘。

＊盛夏時，在室溫下靜置45分鐘後，放進冰箱冷藏。

6 **烘烤** 在完成第二次發酵的20分鐘前，將兩張烤盤放進烤箱，將烤箱預熱到最高溫度。麵糰表面用手持篩網撒上高筋麵粉（分量外），在正中央劃上一道7～8mm深的割紋線，平均滴上C的迷迭香與橄欖油（圖**b**）。 用噴霧器分別在麵糰上與烤箱內噴水。 將麵糰連同烘焙紙一起送進下層烤盤，在上層烤盤中倒入80ml熱水（小心燙傷），用180℃烘烤8分鐘（也可使用蒸氣模式）⇒取出上層烤盤，以230℃烘烤約12分鐘。

a

b

檸檬口味迷你法國長棍

我試著重現在京都麵包店裡吃到過最喜愛的法國長棍。
把製作難度稍高的長棍做短一點，麵糰比較不容易塌陷，
製作起來更簡單。
檸檬盡量切薄，可減少外皮的苦澀，較易入口。
也可以使用市售的檸檬皮。

Petit baguette with bacon

培根迷你法國長棍

這款長棍連表皮都很有嚼勁，鬆軟口感勝過酥脆。
把多出來的培根切下來，重疊放上，享用超量的培根。
想吃酥脆口感時，可用烤箱再回烤一下。
最後用的香料橄欖油，扮演增添風味與讓切口開的漂亮的角色。

Petit baguette with lemon
檸檬口味迷你法國長棍

材料（2個18cm長棍）

A 高筋麵粉…130g

　　砂糖…3g

　　鹽巴…3g

湯種 低筋麵粉…20g

　　熱水…40g

B 酵母粉…¼小匙（0.75g）

　　水…75g

【糖漬檸檬】

　　檸檬（無蠟）…½個（60g）

　　砂糖…30g

　　蜂蜜（也可不用）…½大匙

完工用砂糖…少許

做法

1　**製作麵糰** 依序將湯種材料加進調理盆中，用橡膠刮刀迅速攪拌30秒，靜置10分鐘以上散熱。將**B**量好分量倒進湯種用調理盆中，用打泡器攪拌，再將**A**量好分量加進盆中，用橡膠刮刀攪拌2分鐘混合均勻。覆蓋保鮮膜，在室溫下靜置30分鐘。

2　用沾濕的手從盆緣將麵糰拉起來，往中心摺疊，沿著盆緣重複此動作1圈半。麵糰翻面，覆蓋保鮮膜，在室溫下靜置20分鐘。

3　**第一次發酵** 將裝有麵糰的調理盆放進冰箱蔬果室中，發酵一晚（6小時）～最長2天，直到麵糰高度變成2倍以上。

4　**分切&滾圓** **靜置時間** 麵糰表面撒上手粉（高筋麵粉，分量外）後，取出麵糰，再撒上手粉，用刮板分切成2等份，稍微滾圓，底部輕輕捏緊。蓋上乾布，在室溫下靜置15分鐘。

※一份麵糰約134g

事前準備

· 檸檬縱切成4等份後切成3mm細長條，與砂糖、蜂蜜混合後醃漬一晚以上。

5　**整形** **第二次發酵** 麵糰表面撒上手粉後翻面，用手壓成12cm長的橫向橢圓形，將1/4份量的糖漬檸檬放在上半部（圖**a**），從上往下對摺，壓緊收口黏合（圖**b**）。將1/4分量的糖漬檸檬放在正中間（圖**c**），從上往下對摺，將上下兩側的邊緣對齊（請參考右頁圖**c**），壓緊收口黏合。用手滾成20cm的長條，麵糰收口朝下，放在鋪有烘焙紙的厚紙上，蓋上乾布，在室溫下靜置45分鐘。

※盛夏時，在室溫下靜置30分鐘後，放進冰箱冷藏。

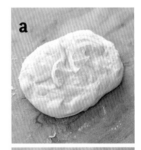

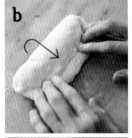

6　**烘烤** 在完成第二次發酵的20分鐘前，將兩張烤盤放進烤箱，將烤箱預熱到最高溫度。麵糰表面用手持篩網撒上高筋麵粉（分量外），在表面劃上一道逆S形割紋線（圖**d**），撒上砂糖。用噴霧器分別在麵糰上與烤箱內噴水。將麵糰連同烘焙紙一起送進下層烤盤，在上層烤盤中倒入80ml熱水（小心燙傷），用180℃烘烤8分鐘（也可使用蒸氣模式）⇒取出上層烤盤，以230℃烘烤約14分鐘。

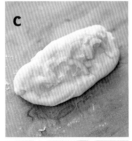

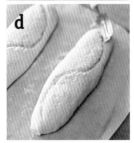

Petit baguette with bacon

培根迷你法國長棍

材料（2個18cm長棍）

A 高筋麵粉…130g

└ 砂糖…3g

└ 鹽巴…3g

湯種 低筋麵粉…20g

熱水…40g

B 酵母粉…¼小匙（0.75g）

└ 水…75g

培根…4片

橄欖油…½小匙

岩鹽（或粗鹽）…少許

做法

1 **製作麵糰** 〜靜置時間 與「檸檬迷你法國長棍」（左頁）相同。

2 **整形** **第二次發酵** 用麵糰表面撒上手粉後翻面，用手壓成12cm長的橢圓形麵皮，將1片培根放在上半部（切下超出麵糰的培根，重疊放在上面，圖**a**），從上往下捲一圈，壓緊收口黏合（請參考左頁圖**b**）。再將1片培根放在正中間（切下超出麵糰的培根，重疊放在上面，圖**b**），從上往下對摺，將上下兩側的邊緣對齊（圖**c**），壓緊收口黏合。用手滾成20cm的長條，麵糰收口朝下，放在鋪有烘焙紙的厚紙上，蓋上乾布，在室溫下靜置45分鐘。

＊盛夏時，在室溫下靜置30分鐘後，放進冰箱冷藏。

3 **烘烤** 在完成第二次發酵的20分鐘前，將兩張烤盤放進烤箱，將烤箱預熱到最高溫度。麵糰表面用手持篩網撒上高筋麵粉（分量外），在表面中央劃一道從左端到右端的割紋線（圖d），在其中平均撒上橄欖油，撒上岩鹽。用噴霧器分別在麵糰上與烤箱內噴水。將麵糰連同烘焙紙一起送進下層烤盤，在上層烤盤中倒入80ml熱水（小心燙傷），用180℃烘烤8分鐘（也可使用蒸氣模式）⇒取出上層烤盤，以230℃烘烤約14分鐘。

＊刀片斜切進麵糰，用刮的方式用力劃過麵糰。

＊割紋線開口朝烤箱內側放進去，會更容易張開。

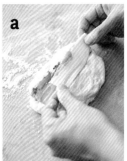

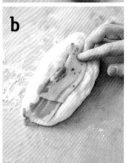

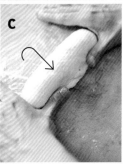

Apple, cream cheese & raisin bread

蘋果風味
奶油乳酪葡萄麵包

把水果和起司、果乾一起揉進麵糰裡，是一款口感紮實的麵包。
高含水量的麵糰裡加入了糖煮蘋果，口感就像水果一樣水嫩。
略大的圓形麵糰，讓風味可以充分完整融合。
麵糰裡奶油乳酪的酸，與葡萄乾的口感是風味重點。

材料（2個13cm麵包）

A 高筋麵粉…130g
　砂糖…3g
　鹽巴…3g

湯種 低筋麵粉…20g
　　熱水…40g

B 酵母粉…¼小匙（0.75g）
　水…80g

【糖煮蘋果】
　蘋果（紅玉等帶酸味的品種）…½顆（140g）
　砂糖…2大匙
　檸檬汁…½大匙
　葡萄乾…20g
奶油乳酪（切成1.5cm方塊）…30g

做法

1 **製作糖煮蘋果** 蘋果帶皮切成1cm的銀杏葉小片狀，與砂糖、檸檬汁一起加進耐熱器皿，輕輕覆蓋保鮮膜，用微波爐加熱3分鐘後，攪拌均勻。除去保鮮膜，再加熱1分鐘，放進葡萄乾混合後，靜置散熱。

2 **製作麵糰** 將湯種材料加進調理盆中，用橡膠刮刀迅速攪拌30秒，靜置10分鐘以上散熱。將**B**量好分量倒進湯種用調理盆中，用打泡器攪拌，再將**A**量好分量加進盆中，用橡膠刮刀攪拌2分鐘混合均勻。加進瀝乾水分的1，全部攪拌均勻，覆蓋保鮮膜，在室溫下靜置30分鐘。

3 用沾濕的手從盆緣將麵糰拉起來，往中心摺疊，沿著盆緣重複此動作1圈半。麵糰翻面，覆蓋保鮮膜，在室溫下靜置20分鐘。

4 **第一次發酵** 將裝有麵糰的調理盆放進冰箱蔬果室中，發酵一晚（6小時）～最長2天，直到麵糰高度變成2倍以上。

5 **分切&滾圓** **靜置時間** 麵糰表面撒上手粉（高筋麵粉，分量外）後，取出麵糰，再撒上手粉，用刮板分切成2等份，稍微滾圓，底部輕輕捏緊。蓋上乾布，在室溫下靜置15分鐘。
＊一份麵糰約197g

6 **整形** **第二次發酵** 麵糰表面撒上手粉後翻面，用手壓成高13 寬10cm的橢圓形（請將被擠到外側的餡料塞進內側，以免烤焦），在上方及中間分別放上¼ 份量的起司（圖**a**），從上往下捲一次，壓緊收口黏合（圖**b**）。繼續捲完後，捏緊收口黏合，整形成13cm長的海參狀。麵糰收口朝下，放在鋪有烘焙紙的厚紙上，蓋上乾布，在室溫下靜置60分鐘。
＊盛夏時，在室溫下靜置45分鐘後，放進冰箱冷藏。

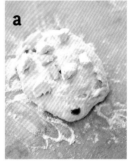

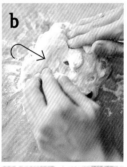

7 **烘烤** 在完成第二次發酵的20分鐘前，將兩張烤盤放進烤箱，將烤箱預熱到最高溫度。麵糰表面用手持篩網撒上高筋麵粉（分量外），在正中央劃一道割紋線，長到上下邊緣（圖**c**）。用噴霧器分別在麵糰上與烤箱內噴水。將麵糰連同烘焙紙一起送進下層烤盤，在上層烤盤中倒入80ml熱水（小心燙傷），用180℃烘烤8分鐘（也可使用蒸氣模式）⇒取出上層烤盤，以230℃烘烤約15分鐘。

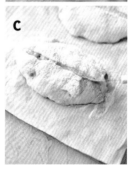

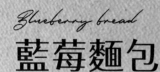

藍莓麵包

把新鮮的藍莓搗碎當水分使用，
麵糰就具有了鮮豔的莓果紫色澤。
再加上濃縮了甜味的藍莓乾，
是一款可以充分享受莓果滋味的麵包。

芝麻番薯麵包

番薯甜與芝麻香融合的樸實滋味。
奶油不揉進麵糰，我們這次用捲進去的，
可以享受更加濃醇的奶油香。

Oatmeal bread

燕麥麵包

把乾乾脆脆的燕麥片，當成湯種材料，做成了容易入口的麵包。
它富含食物纖維也令人開心。
麵糰裡用蜂蜜取代砂糖，讓麵包口感更加濕潤。
長長的麵糰上，斜斜劃上幾道割紋線，烤出的麵包賣相相當搶眼。

Blueberry bread
藍莓麵包

材料 （2個12cm長麵包）

A 高筋麵粉…130g
　　砂糖…15g
　　鹽巴…3g

湯種 低筋麵粉…20g
　　　熱水…40g

B 酵母粉…¼小匙（0.75g）
　　藍莓（冷凍）…70g
　　水…25g

藍莓乾…45g

事前準備

・將冷凍藍莓解凍後，在水中
　用手一粒一粒捏碎，做成藍
　莓水。

・藍莓乾稍微泡一下熱水後，
　瀝乾水分。

做法

1 **製作麵糰** ～ **靜置時間** 與「蘋果奶油
乳酪葡萄乾麵包」（第67頁）相同。 製
作麵糰的最後，將藍莓乾加進去一起混
合均勻。

＊一份麵糰約166g

2 **整形** **第二次發酵** 麵糰表面撒上手粉
後翻面，用手壓成高12 寬9cm的橢圓
形，從上往下捲，捲好後捏緊收口處，
整形成長11cm的海參狀。 麵糰收口朝
下，放在鋪有烘焙紙的厚紙上，蓋上乾
布，在室溫下靜置60分鐘。

＊盛夏時，在室溫下靜置45分鐘後，放進冰箱冷藏。

3 **烘烤** 在完成第二次發酵的20分鐘前，
將兩張烤盤放進烤箱，將烤箱預熱到最
高溫度。 麵糰表面用手持篩網撒上高筋
麵粉（分量外），在正中央劃一道割紋
線，直抵上下邊緣。 用噴霧器分別在麵
糰上與烤箱內噴水。 將麵糰連同烘焙紙
一起送進下層烤盤，在上層烤盤中倒入
80ml熱水（小心燙傷），用180℃烘烤
8分鐘（也可使用蒸氣模式）⇒取出上
層烤盤，以220℃烘烤約14分鐘。

將新鮮藍莓乾燥製成的藍
莓乾，不僅飽含濃縮的甜
味，營養價值也高。很適
合用於麵包麵糰，也建議
加在貝果裡面。（富）⇒
洽購詳見第88頁

Sesame & sweet potato bread
芝麻番薯麵包

材料 （1個13cm長麵包）

A 高筋麵粉…130g
　　砂糖…3g
　　鹽巴…3g
　　白芝麻粒…20g

湯種 低筋麵粉…20g
　　　熱水…40g

B 酵母粉…¼小匙（0.75g）
　　水…80g

【糖煮番薯】
　　番薯…½條（淨重100g）
　　砂糖…25g
　　水…50g

捲進麵糰用奶油（無鹽）…15g

做法

1 **糖煮番薯** 番薯去皮，切成1cm塊狀，
泡水後瀝乾水分，與
其他材料一起加進耐熱器皿中，輕輕覆蓋保鮮膜，用微波爐
加熱3分鐘，靜置散熱。

2 **製作麵糰** ～ **烘烤** 與「蘋果奶油乳酪葡萄乾麵包」（第
67頁）相同。 製作麵糰的最後，加進瀝乾水分的1，混合均
勻。 整形時，放起司的部分，改成放上一半份量的切成細長
條的奶油後捲起。

＊一份麵糰約196g

Oatmeal bread
燕麥麵包

材料（1個16cm長麵包）

A 高筋麵粉…110g
    蜂蜜（或砂糖）…10g
    鹽巴…3g

湯種 燕麥片…40g
    熱水…80g

B 酵母粉…¼小匙（0.75g）
    水…50g

將「燕麥」或「皮燕麥」這種穀物加工成容易入口的燕麥片，富含食物纖維。在此使用顆粒較細的產品（即時燕麥片quick oats）。（富）⇒洽購詳見第88頁。

做法

1 **製作麵糰** 將湯種材料加進調理盆中，用橡膠刮刀迅速攪拌30秒，靜置10分鐘以上散熱。 將**B**量好分量倒進湯種用調理盆中，用打泡器攪拌，再將**A**量好分量加進盆中，用橡膠刮刀攪拌2分鐘混合均勻。

2 用沾濕的手從盆緣將麵糰拉起來，往中心摺疊，沿著盆緣重複此動作1圈半。 麵糰翻面，覆蓋保鮮膜，在室溫下靜置20分鐘。

3 **第一次發酵** 將裝有麵糰的調理盆放進冰箱蔬果室中，發酵一晚（6小時）～最長2天，直到麵糰高度變成2倍以上。

4 **分切＆滾圓** **靜置時間** 麵糰表面撒上手粉（高筋麵粉，分量外）後，取出麵糰，稍滾圓，底部輕輕捏緊。 蓋上乾布，在室溫下靜置15分鐘。

5 **整形** **第二次發酵** 麵糰表面撒上手粉後翻面，用手壓成高15 寬11cm的橢圓形，從上往下捲，捲完後捏緊收口黏合，整形成長15cm的海參狀。 麵糰收口朝下，放在鋪有烘焙紙的厚紙上，蓋上乾布，在室溫下靜置60分鐘。

＊盛夏時，在室溫下靜置45分鐘後，放進冰箱冷藏。

6 **烘烤** 在完成第二次發酵的20分鐘前，將兩張烤盤放進烤箱，將烤箱預熱到最高溫度。 麵糰表面用手持篩網撒上高筋麵粉（分量外），間隔1cm劃一道斜斜的割紋線，共劃7道。 用噴霧器分別在麵糰上與烤箱內噴水。 將麵糰連同烘焙紙一起送進下層烤盤，在上層烤盤中倒入80ml熱水（小心燙傷），用180℃烘烤8分鐘（也可使用蒸氣模式）⇒取出上層烤盤，以230℃烘烤約17分鐘。

無花果藍紋起司短棍麵包

Baton在法語中是「棍棒」的意思。
是不用滾圓也不必靜置時間的麵包。
扭轉得細長的麵糰很容易恢復原形，
進烤箱之前請再調整一下形狀。
藍紋起司的鹽味，與酸甜的無花果，
很適合搭配紅酒享用。

起司七味粉短棍麵包

這款麵包也很適合當零嘴、下酒菜。
加入大量七味粉的辣味，令人上癮。
這款麵包很辣，
不嗜辣者，請自行減量。

無花果藍紋起司短棍麵包

材料 （5條18cm長麵包）

A 高筋麵粉⋯130g
　砂糖⋯10g
　鹽巴⋯3g

湯種 全麥粉⋯20g
　　熱水⋯40g

B 酵母粉⋯¼小匙 (0.75g)
　水⋯80g

C 無花果乾⋯20g
　藍紋起司⋯20g
　杏仁（帶皮）⋯20g

事前準備

· 杏仁放進170℃的烤箱乾烤7分鐘。

· 無花果乾、藍紋起司切成1.5cm塊狀。

做法

1 **製作麵糰** 將湯種材料加進調理盆中，用橡膠刮刀迅速攪拌30秒，靜置10分鐘以上散熱。將B量好分量倒進湯種用調理盆中，用打泡器攪拌，再將A量好分量加進盆中，用橡膠刮刀攪拌2分鐘混合均勻。覆蓋保鮮膜，在室溫下靜置30分鐘。

2 用沾濕的手從盆緣將麵糰拉起來，往中心摺疊，沿著盆緣重複此動作1圈半。麵糰翻面，覆蓋保鮮膜，在室溫下靜置20分鐘。

3 **第一次發酵** 將裝有麵糰的調理盆放進冰箱蔬果室中，發酵一晚（6小時）～最長2天，直到麵糰高度變成2倍以上。

4 **整形** **第二次發酵** 麵糰表面撒上手粉（高筋麵粉，分量外）後，取出麵糰，再撒上手粉，用擀麵棒擀成高25 寬15cm的長方形，下半部放上C（圖a）後，對摺。撒上乾粉，用擀麵棒將厚度擀平均，用刮板切分成5等份（圖b），每一份都扭轉成18cm的長條（圖c）。麵糰放在鋪有烘焙紙的厚紙上，蓋上乾布，在室溫下靜置50分鐘。

＊不需秤每份麵糰的重量。

＊麵糰不容易脹大時，可再多靜置一段時間。

5 **烘烤** 在完成第二次發酵的20分鐘前，將兩張烤盤放進烤箱，將烤箱預熱到最高溫度。麵糰若恢復原狀，再扭轉一次，用噴霧器分別在麵糰上與烤箱內噴水。將麵糰連同烘焙紙一起送進下層烤盤，在上層烤盤中倒入80ml熱水（小心燙傷），用180℃烘烤8分鐘（也可使用蒸氣模式）⇒取出上層烤盤，以220℃烘烤約8分鐘。

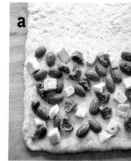
a

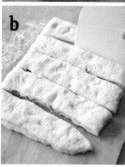
b

c

起司七味短棍麵包

材料 （5條18cm長麵包）

A
湯種 　　與上相同
B

帕馬森起司⋯麵糰用3大匙＋裝飾用1大匙
七味唐辛子⋯麵糰用⅓小匙＋裝飾用⅓小匙

做法

1 與上相同。整形時，用噴霧器噴水（讓起司更容易黏合），下半部放混好的麵糰用起司與七味粉，燒烤前也用噴霧器噴水，撒上混好的裝飾用起司與七味粉後，送進烤箱烘烤。

Pain de campagne with staub

用鑄鐵鍋烘焙歐式鄉村麵包

密閉性高的STAUB鑄鐵鍋，太適合用來烤歐式鄉村麵包了。
蓋上鍋蓋烘烤，麵糰的水蒸氣讓表面濕潤，就不會烤得太硬，
麵糰在鍋中膨脹，也讓割紋線順利張開。最後移開鍋蓋，讓麵包出現烤色。

材料（1個直徑13cm麵包）＊直徑18cm鑄鐵鍋1個

A 高筋麵粉…130g

低筋麵粉…70g

砂糖…5g

鹽巴…5g

湯種 全麥粉…30g

熱水…60g

B 酵母粉…¼小匙（0.75g）

水…130g

a

做法

1 **製作麵糰 ～ 靜置時間** 與「米粉歐式鄉村麵包」相同（第57頁）。

2 **整形 第二次發酵** 麵糰撒上手粉（高筋麵粉，分量外）後翻面，用手壓平後，重複第57頁圖**a**與**b**的步驟，重新滾圓，捏緊底部黏合。 將烘焙紙裁切成25cm正方形，在四個角各切出12cm長的切口（圖**a**），鋪在直徑18cm的調理盆中。 麵糰收口朝下，放進盆中（圖**b**），剪掉滿出盆外的烘焙紙，蓋上乾布，在室溫下靜置60分鐘。

＊盛夏時，靜置45分鐘後，放進冰箱冷藏。

b

3 **烘烤** 在完成第二次發酵的20分鐘前，將蓋上鍋蓋的鑄鐵鍋放在烤盤上，送進烤箱，預熱到最高溫度（圖**c**）。 麵糰表面用手持篩網撒上高筋麵粉（分量外），在麵糰上劃一個十字割紋線，直抵上下、左右兩端（圖**d**），取出鍋子，將麵糰連同烘焙紙一起移到鍋中（圖**e**，小心燙傷），蓋上鍋蓋（很燙，請小心），送進烤箱。 用250℃烘烤20分鐘（也可使用蒸氣模式）⇒取出鍋蓋，以230℃烘烤約20分鐘。 從鍋中取出，散熱。

c

d

		直徑20cm鑄鐵鍋	直徑22cm鑄鐵鍋
A	高筋麵粉	170g	200g
	低筋麵粉	90g	100g
	砂糖	6g	7g
	鹽巴	6g	7g
湯種	全麥粉	40g	45g
	熱水	80g	90g
B	酵母粉	⅓小匙（1g）	⅓小匙（1g）
	水	170g	195g
	烘烤時間	250℃22分鐘⇒取出鍋蓋 230℃22分鐘	250℃22分鐘⇒取出鍋蓋 230℃25分鐘

＊進行第二次發酵時，請使用與鑄鐵鍋相同大小的調理盆。

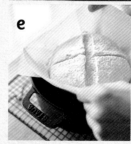
e

PART 4

用搪瓷烤盤
製作
手撕麵包

將麵糰揉成小圓形，整整齊齊排在搪瓷烤盤上烤出來的可愛麵包。

享受一次撕下一個，一口接一口吃又沒有負擔的樂趣吧。

盛在搪瓷烤盤上烘烤，側面和底部不會直接接觸火源，烤出濕潤感。

麵粉的用量較多，請使用直徑21cm的較大調理盆。

肉桂卷、佛羅倫提酥餅風味麵包，和韓國人氣麵包都在此登場。

原味手撕麵包

12個排排站好的迷你麵包,看起來就特別的可愛。
蜂蜜的保水效果,令口感更加濕潤Q彈,
麵糰裡加了牛奶和奶油,豐富又美味。
若滾圓步驟太花時間,也可以切割成2×3列共6個,以同樣時間烘烤。

Plain pull apart bread

原味
手撕麵包

本書使用2L大小
（20.5 16 深3cm）
的搪瓷烤盤。也可
以使用尺寸相近、
可進烤箱的不鏽鋼
烤盤。

材料

（搪瓷烤盤1個份量20.5×16×深3cm）

A 高筋麵粉…160g
　　蜂蜜（或砂糖）…15g
　　鹽巴…4g

湯種 低筋麵粉…40g
　　 熱水…80g

B 酵母粉…²⁄₃小匙（2g）
　　牛奶…50g
　　水…40g*
　　奶油（無鹽）…10g

增添色澤用牛奶…適量

*夏天放在冰箱冷藏，冬天加熱到溫水程度（30℃）。
　詳見第14頁。

事前準備

· 將湯種材料放進調理盆
（直徑21cm）中，用橡
膠刮刀迅速攪拌30秒，靜
置10分鐘以上散熱（請參
考第10頁）。

· 奶油用微波爐加熱40秒，
融化後靜置散熱。

---

1 製作麵糰

將 **B** 量好分量倒進湯種用調理
盆中，用打泡器攪拌到沒有大
的結塊為止，再將 **A** 量好分量
加進盆中，用橡膠刮刀攪拌2分
鐘，使麵糰均勻。

→

靜置（30分鐘）

覆蓋保鮮膜，在室溫下靜置30
分鐘。

→

拉摺

用沾濕的手，從盆緣將麵糰拉
起來，

靜置（20分鐘）

往中心摺疊，沿著盆緣重複此
動作1圈半（拉摺）。麵糰翻
面，覆蓋保鮮膜，在室溫下靜
置20分鐘。

→

2 第一次發酵

在麵糰邊緣用膠帶等做記號，
放進冰箱蔬果室中，發酵一晚
（6小時）～最長2天。

→

麵糰高度膨脹到兩倍以上就可
以了。

*麵糰高度沒膨脹到兩倍時，請放在室
　溫下，直到高度變成兩倍以上。

3 分切&滾圓

麵糰表面撒上手粉（高筋麵粉，分量外），用刮板沿著麵糰和調理盆之間劃一圈，傾斜調理盆，取出麵糰。用刮板切分成12等份。

＊一份麵糰約32g

沾上手粉，用手壓平麵糰，擠出裡面的空氣，

整形成表面鼓脹的圓球，

4 靜置時間

5 整形

底部輕輕捏緊。

放在工作檯上，蓋上乾布，在室溫下靜置10分鐘。

撒上手粉，重新將麵糰整形成表面鼓脹的圓球，捏緊底部收口處。

6 第二次發酵

7 烘烤

麵糰收口朝下，以3×4列排好放在鋪上烘焙紙的搪瓷烤盤中，放在烤盤上，用烤箱的發酵功能，以35℃發酵60分鐘。

＊或是蓋上乾布，在室溫下發酵到脹大一圈為止。

麵糰脹大一圈即可。將烤箱預熱到180℃。

麵糰表面用刷子塗上牛奶，在180℃的烤箱中烘烤約18分鐘，直到烤色出現為止。散熱之後，從搪瓷烤盤中取出放涼。

咖啡肉桂卷

將苦澀的咖啡融入麵糰中，是大人味的肉桂卷。
食譜中使用在冷液體中也容易溶解的咖啡，
若不容易溶解，請放在溫牛奶中溶解後，放涼使用。
也可以用蘭姆酒葡萄乾來取代杏仁，美味不變。

材料（搪瓷烤盤1個20.5×16×深3cm份量）

A 高筋麵粉…160g
　砂糖…20g
　鹽巴…4g

湯種 低筋麵粉…40g
　　熱水…80g

B 酵母粉…²⁄₃小匙（2g）
　牛奶…85g
　即溶咖啡（顆粒）…4g
　奶油（無鹽）…15g

【肉桂糖】
　砂糖…35g
　肉桂粉…½小匙

杏仁（帶殼）…30g
增添色澤用牛奶…適量

事前準備

· 奶油用微波爐加熱40秒，溶解後散熱。
· 杏仁在170℃的烤箱中乾烤7分鐘，切粗塊。

做法

1 **製作麵糰** 將湯種材料加進調理盆中，用橡膠刮刀迅速攪拌30秒，靜置10分鐘以上散熱。將**B**計量加進盆中，用打泡器攪拌，再將**A**量好分量加進盆中，用橡膠刮刀攪拌2分鐘，直到均勻為止。

2 用沾濕的手從盆緣將麵糰拉起來，往中心摺疊，沿著盆緣重複此動作1圈半。麵糰翻面，覆蓋保鮮膜，在室溫下靜置20分鐘。

3 **第一次發酵** 將裝有麵糰的調理盆放進冰箱蔬果室中，發酵一晚（6小時）～最長2天，直到麵糰高度變成2倍以上。

4 **滾圓** **靜置時間** 麵糰表面撒上手粉（高筋麵粉，分量外）後，取出麵糰，整形成表面鼓脹的圓球，底部輕輕捏緊。蓋上乾布，在室溫下靜置15分鐘。

5 **整形** **第二次發酵** 撒上手粉，用擀麵棒擀成寬24×高20cm的長方形，用噴霧器噴水（讓肉桂糖更容易黏合），下方留2cm的邊緣，在上面放上混好的肉桂糖及²⁄₃份量杏仁（圖**a**）。從上往下鬆鬆捲起（圖**b**），捲完後捏緊收口黏合，用刮板切分成6等份。斷面朝上，以2×3列的方式整齊放在鋪有烘焙紙的搪瓷烤盤上，用手輕輕壓平（圖**c**），用烤箱的發酵功能，以35℃發酵60分鐘。

＊或蓋上乾布，在室溫下靜置發酵，直到麵糰脹大一圈為止。

6 **烘烤** 表面用刷子塗上牛奶，撒上剩下的杏仁，在預熱到180℃的烤箱烘烤約18分鐘。

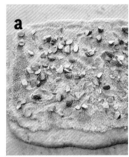
a

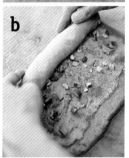
b

c

Garlic butter & cream cheese roll

韓國香蒜乳酪麵包

將韓國正夯的蒜味奶油＆香甜乳酪餡料麵包，
抑制一下甜度，做成容易入口的麵包。
若已做好原味麵糰，加上蒜味奶油與奶油乳酪去烤即可。
用搪瓷烤盤烘烤，也可以好好盛住流出的蒜味奶油。

材料（搪瓷烤盤1個20.5×16×深3cm份量）

A 高筋麵粉…160g
　└ 砂糖…4g
　└ 鹽巴…4g

┌湯┐ 低筋麵粉…40g
└種┘ 熱水…80g

B 酵母粉…⅔小匙（2g）
　└ 水…80g
　└ 米油…10g

【蒜味奶油】
　奶油（無鹽）…50g
　雞蛋…1個（50g）
　蒜頭（磨成泥）…1瓣
　巴西里（乾燥）…1茶匙
　└ 鹽巴…⅓小匙

【乳酪餡料】
　奶油乳酪…40g
　└ 砂糖…10g

做法

1 **製作麵糰** 將湯種材料加進調理盆中，用橡膠刮刀迅速攪拌30秒，靜置10分鐘以上散熱。將**B**計量加進盆中，用打泡器攪拌，再將**A**量好分量加進盆中，用橡膠刮刀攪拌2分鐘，直到均勻為止。

2 用沾濕的手從盆緣將麵糰拉起來，往中心摺疊，沿著盆緣重複此動作1圈半。麵糰翻面，覆蓋保鮮膜，在室溫下靜置20分鐘。

3 **第一次發酵** 將裝有麵糰的調理盆放進冰箱蔬果室中，發酵一晚（6小時）～最長2天，直到麵糰高度變成2倍以上。

4 **滾圓** **靜置時間** 麵糰表面撒上手粉（高筋麵粉，分量外）後，取出麵糰，用刮板分切成6等份，分別整形成表面鼓脹的圓球，底部輕輕捏緊。蓋上乾布，在室溫下靜置10分鐘。

＊一份麵糰約61g

5 **整形** **第二次發酵** 撒上手粉，重新將麵糰整形成表面鼓脹的圓球，底部捏緊黏合。收口朝下，以2×3列整齊放在鋪有烘焙紙的搪瓷烤盤上，用烤箱的發酵功能，以35℃發酵60分鐘。

＊或蓋上乾布，在室溫下靜置發酵，直到麵糰脹大一圈為止。

6 **烘烤** 在預熱到180℃的烤箱烘烤約16分鐘。散熱之後，連同烘焙紙一起取出，靜置放涼。

7 **製作蒜味奶油** **烘烤** 奶油放進耐熱器皿中，用微波爐加熱40秒，融化散熱之後，加進其他材料混合。在每個麵包上各深深劃出十字形的割紋線，連同烘焙紙一起放回搪瓷烤盤，在割紋線中平均倒進一半份量的蒜味奶油（圖**a**），混合好的乳酪餡料平均放到中間（圖**b**）。再將剩下的蒜味奶油淋在麵包上，在預熱到220℃的烤箱中烘烤約8分鐘。

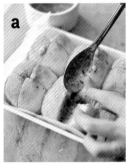

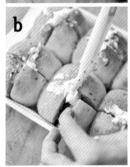

Florentin bread

佛羅倫提酥餅麵包

以焦糖杏仁聞名的法式甜點，調整配方成麵包食譜。
以Q彈的麵包麵糰取代餅乾麵糰，最適合點心時間享用，
餡料冷卻之後會凝固，請趁溫熱時倒進去。
酵母會因為受熱而不活躍，請馬上送進烤箱烘烤。

材料（搪瓷烤盤1個20.5×16×深3cm份量）

A 高筋麵粉…120g

　　砂糖…15g

　　鹽巴…3g

湯種 低筋麵粉…30g

　　熱水…60g

B 酵母粉…½小匙(1.5g)

　　牛奶…70g

　　奶油(無鹽)…10g

【杏仁餡料】

　　杏仁片…60g

　　蜂蜜…35g

　　鮮奶油…35g

　　奶油(無鹽)…30g

　　砂糖…30g

事前準備

・麵糰用的奶油先以微波爐加熱40秒，
　融化後散熱。

・杏仁片在170℃的烤箱中乾烤5分鐘。

做法

1 **製作麵糰** 依序將湯種材料加進調理盆中，用橡膠刮刀迅速攪拌30秒，靜置10分鐘以上散熱。將**B**計量加進盆中，用打泡器攪拌，再將**A**量好分量加進盆中，用橡膠刮刀攪拌2分鐘，直到均勻為止。

2 用沾濕的手從盆緣將麵糰拉起來，往中心摺疊，沿著盆緣重複此動作1圈半。麵糰翻面，覆蓋保鮮膜，在室溫下靜置20分鐘。

3 **第一次發酵** 將裝有麵糰的調理盆放進冰箱蔬果室中，發酵一晚（6小時）～最長2天，直到麵糰高度變成2倍以上。

4 **滾圓** **靜置時間** 麵糰表面撒上手粉（高筋麵粉，分量外）後，取出麵糰，整形成表面鼓脹的圓球，底部輕輕捏緊。蓋上乾布，在室溫下靜置10分鐘。

5 **整形** **第二次發酵** 撒上手粉，用手將麵糰壓成和搪瓷烤盤一樣的大小，放在鋪有烘焙紙的搪瓷烤盤上，一邊用手壓底部，使中間變薄，一邊留下2cm高的邊緣（圖**a**）。用烤箱的發酵功能，以35℃發酵60分鐘。

＊或蓋上乾布，在室溫下靜置發酵，直到麵糰脹大一圈為止。

6 **製作杏仁餡料** 烤箱預熱到180℃。將杏仁片以外的材料放進小鍋子裡，開火，沸騰後轉小火，時不時攪拌一下，顏色變成茶色時，加進杏仁片，用橡膠刮刀混合。

7 **烘烤** 再將麵糰底部壓平，趁6的餡料還溫熱時平整地倒進去（圖**b**），馬上放進預熱到180℃的烤箱烘烤約20分鐘。放涼之後，切分成自己喜愛的大小。

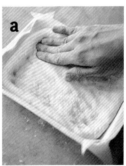

有關材料

介紹本書中使用的材料。除了主要的粉類之外，鹽巴的風味也是重點，請找到自己偏好的食材。

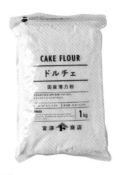

高筋麵粉

幾乎決定了麵包口感的主要材料，請務必選用美味的麵粉。日本北海道產的小麥製成的「春よ恋」（Haruyo koi）高筋麵粉，能夠充分吸收水份，讓麵糰更易成形，烤出更濕潤的麵包。也推薦「はるゆたかブレンド」。「春よ恋」★

低筋麵粉

使用日本國產小麥的「Dolce」，風味極佳，濕潤易成形的麵粉。製作硬式麵包或手撕麵包時，使用低筋麵粉製作湯種，可烤出脆脆硬硬的咬勁。「ドルチェ 江別製粉」★

酵母粉

使用在超市也買得到、不需事先溫水混合，可直接使用的即發乾酵母。我用的是法國燕子牌的紅色包裝產品（低糖）。開封後放冰箱冷藏保存，若無法在3個月內用完，請放冷凍庫保存。「サフ 赤インスタントドライイースト」★

砂糖

使用市面常見的上白糖。請選用自己喜歡的蔗糖、三溫糖或日本細砂糖等。任何一種糖，都可依照食譜上的份量來使用。

鹽巴

使用沒有精製過的、帶有甘甜味的法國海鹽「Guerande之鹽」。我用的是容易溶解的細鹽，選用顆粒狀的也可以。和麵粉一樣，鹽巴也是決定麵包味道的食材，請選擇美味的產品。「ゲランドの塩 微粒」★

水

使用淨水器濾過的自來水。使用市售礦泉水時，請選用接近日本自來水的軟水。硬度較高的水、鹼性水會使發酵無法順利進行，或使麵糰太過緊實，請避免使用。

牛奶

使用成份無調整的牛奶。也可以用豆漿（成份有調整或無調整皆可），但會使麵糰不太容易膨脹，風味也會稍有變化。

食用油

在麵糰裡加入少量的油，能使麵包變得更加柔軟濕潤。選擇的重點是無味無臭的產品。我使用的是糙米油，也可以使用沒有強烈風味的太白胡麻油或菜仔油。「こめしぼり」★

奶油

嚼勁麵包、手撕麵包的麵糰裡加入融化的奶油，做出奶油風味的麵包，或捲在麵糰裡，享受濃厚的奶油。使用無鹽奶油。

蜂蜜

具有保水性，具有讓麵糰濕潤的效果。請選用沒有特別氣味的蜂蜜。要做給未滿1歲的幼兒吃的麵包時，請以同量的砂糖來取代。

column

有關工具

都是靈機一動想做麵包時，就可隨手取得的常備工具。
最近的百圓店裡，也多了不少平價的工具。

調理盆

用來攪拌材料、發酵麵糰時，使用直徑18cm（只有麵粉用量較多的手撕麵包使用直徑21cm）的耐熱玻璃容器。也可以不使用玻璃製品，但透明的盆子一眼就能觀察到麵糰發酵的狀態，非常便利。

橡膠刮刀

用於迅速混合麵粉與熱水來製作湯種時，以及加入麵粉後攪拌讓麵糰均勻時。高加水麵包的麵糰含水量較多，因此橡膠刮刀比刮板更適合用來攪拌。建議使用有彈性的產品。

打泡器

在湯種裡加進酵母粉和水等，用來攪拌。湯種裡沒有較大的結塊就可以了，用任何道具都可以。攪拌1分鐘左右即可。

刮板

製作麵包時不可或缺的道具。上面的圓弧邊用來攪拌材料、從調理盆中取出麵糰。下面的直線邊，用來刮除沾在檯面上的麵糰或分切使用。使用直徑18cm調理盆時，長度12cm的刮板最順手。稍微硬一點的刮板較好使用。

電子秤

可測量到0.1g單位的電子秤最適用。使用份量精密到小數點以下的酵母粉也可改用小匙來計量，所以測到1g單位的產品也可以。將材料依序加入調理盆時，每次加材料時都重新歸0，計量就很輕鬆了。

擀麵棒

用來延展麵糰等，整形時使用。我用的是長度30cm的木製擀麵棒。也可以使用百圓店的產品，稍粗一點的比較好握，方便使用。

手持篩網

在麵糰上撒手粉時使用。用擀麵棒延展麵糰、劃上割線時，一定要撒手粉。可以順利將手粉撒在整個麵糰的表面上，手邊有一個備用很方便。百圓店的產品就很好用了。

法國刀

在硬式麵包上劃割紋線、讓蒸氣散發、使麵糰平均膨脹，或加上裝飾。也可以用鋒利的小菜刀，或沒有加上安全裝置的臉用刮鬍刀代替。

噴霧器

烘烤硬式麵包時，在麵糰表面和烤箱內部噴霧，可讓麵糰膨脹飽滿，使表面硬脆的麵包。也可使用園藝用噴霧器。最近百圓店裡也有水滴較細的產品。

★洽購商店（富）⇒請參見第88頁

池田愛實（いけだ まなみ・IKEDA Manami）

1988年生於日本神奈川縣藤澤市。是一位女孩與一位男孩的母親。畢業於慶應義塾大學文學系。大學在學時期即於巴黎藍帶廚藝學校東京分校麵包科學習，畢業後在同校擔任助理。26歲赴法，於當地累積了兩家M.O.F（法國國家最佳工匠獎）麵包店的工作經驗，返回日本後，參與了東京都內餐廳的麵包食譜審核、製造與銷售。2017年起在老家湘南地區主持與法國麵包一起生活的「crumb-クラム」教室。現在，以展開（召開）以線上教學為主的麵包教室。著有『免揉麵包』（原書主婦與生活社）、『シンプルな生地でいろいろ作れる米粉パン』（文化出版局）、『ストウブでパンを焼く』（誠文堂新光社）。

https://www.ikeda-manami.com/
Instagram:@crumb.pain

池田愛實 職人免揉湯種麵包：
出身藍帶學院麵包師，教你摺疊麵糰，就能得到40⁺鬆軟有嚼勁的麵包。

作　　　者／池田愛實
譯　　　者／洪伶
美 術 編 輯／關雅云
責 任 編 輯／劉文宜
企畫選書人／賈俊國

總　編　輯／賈俊國
副 總 編 輯／蘇士尹
行 銷 企 畫／張莉榮、蕭羽猜、黃欣

發　行　人／何飛鵬
法 律 顧 問／元禾法律事務所王子文律師
出　　　版／布克文化出版事業部
　　　　　　115台北市南港區昆陽街16號4樓
　　　　　　電話：（02）2500-7008 傳真：（02）2502-7676
　　　　　　Email：sbooker.service@cite.com.tw
發　　　行／英屬蓋曼群島商家庭傳媒股份有限公司城邦分公司
　　　　　　115台北市南港區昆陽街16號8樓
　　　　　　書虫客服服務專線：（02）2500-7718；2500-7719
　　　　　　24小時傳真專線：（02）2500-1990；2500-1991
　　　　　　劃撥帳號19863813；戶名：書虫股份有限公司
　　　　　　讀者服務信箱service@readingclub.com.tw
香港發行所／城邦（香港）出版集團有限公司
　　　　　　香港九龍土瓜灣土瓜灣道86號順聯工業大廈6樓A室
　　　　　　電話：+852-2508-6231　傳真：+852-2578-9337
　　　　　　Email：hkcite@biznetvigator.com
馬新發行所／城邦（馬新）出版集團 Cité (M) Sdn. Bhd.
　　　　　　41, Jalan Radin Anum, Bandar Baru Sri Petaling,
　　　　　　57000 Kuala Lumpur, Malaysia
　　　　　　電話：+603- 9056-3833　傳真：+603- 9057-6622
　　　　　　Email：services@cite.my
印　　　刷／卡樂彩色製版印刷有限公司
初　　　版／2024年07月
售　　　價／NTD380元
ＩＳＢＮ／978-626-7431-66-5
ＥＩＳＢＮ／978-626-7431-68-9（Epub）

設計／高橋朱里（marusankaku design）
攝影／衛藤キヨコ
造型／駒井京子
調理助理／野上律子
印務指導／金子雅一（TOPPAN株式會社）

採訪／中山み登り
校閱／滄流社
編輯／足立昭子

攝影支援／UTUWA

◎（富）株式會社富澤商店　＊材料提供
網路商店　https://tomiz.com　☎0570-001919
（週一～週五　9:00～12:00、13:00～17:00／六、日、國定假日休假）
販賣以製作點心、麵包的材料為主的各式食材專門店。除網路商店外，在日本各地也設有直營店。

＊以上為2023年9月15日現行的商品洽購資訊。依個別店鋪或個別商品的狀況，有可能無法購入相同的商品，敬請